新时代家庭文明建设

家风家教篇

耿雨 编绘

陕西新华出版
陕西人民美术出版社
SHAANXI PEOPLE'S FINE ARTS PUBLISHING HOUSE
西安

图书在版编目（CIP）数据

新时代家庭文明建设.家风家教篇/耿雨编绘.
西安：陕西人民美术出版社，2025.5. -- ISBN 978-7
-5368-4229-8

Ⅰ.B823.1-49
中国国家版本馆CIP数据核字第2025UQ3418号

责任编辑：杨　琦

新时代家庭文明建设·家风家教篇
XINSHIDAI JIATING WENMING JIANSHE · JIAFENG JIAJIAO PIAN

耿　雨　编绘

出版发行	陕西人民美术出版社
地　　址	陕西省西安市雁塔区登高路1388号
邮政编码	710061
经　　销	新华书店
制　　版	北京市大观音堂鑫鑫国际图书音像有限公司
印　　刷	北京天恒嘉业印刷有限公司
开　　本	710mm×1000mm　1/16
印　　张	14
字　　数	115千字
版　　次	2025年5月第1版　2025年7月第1次印刷
书　　号	ISBN 978-7-5368-4229-8
定　　价	69.80元
发行电话	029-81205258　029-81205299

版权所有·请勿擅用本书制作各类出版物·违者必究

目录

一、家风篇 ……………… 001

司马迁家训：
大孝之道在立身 ……………… 002

曾国藩家训：
俭朴之风，亦惜福之道也 …… 022

颜之推家训：
固须早教，勿失机也 ………… 044

朱熹家训：
君之所贵者，仁也 …………… 066

欧阳修家训：
勤政敬业，可守清贫 ………… 086

二、家教篇 ……………… 108

这样的行为不能做 …………… 109

这样的角色不能当 …………… 130

这样的朋友不能交 …………… 152

这样的思想不能要 …………… 174

这样的生活习惯不能有 …… 196

一、家风篇

家风是整个家庭风气的体现，好的家风能帮助孩子养成好习惯、好品德，不好的家风则会使孩子受挫折、走弯路。

家风是家庭成员道德水平的集中体现。父亲母亲是孩子的第一任老师，而良好的家风更是一个家族的精神导师。

家风作为一种精神力量，它能在思想道德上约束家庭成员，促使成员在一种文明、和谐、健康、向上的氛围中不断发展。

司马迁家训：大孝之道在立身

司马迁是西汉时期著名的史学家、文学家、思想家，在中国历史上有着举足轻重的地位，他所撰写的《史记》是中国第一部纪传体通史，讲述了中国约三千年的历史。

司马迁家族世代为史官，父亲司马谈曾任西汉太史令，其遗愿是希望儿子继承自己的志向，完成一部系统记录历史的编史著作。

司马迁家训：大孝之道在立身

　　司马迁一生致力于学术研究，不仅继承了父亲的遗志，更将其发扬光大。他通过自己的著作，为后世留下了宝贵的文化财富，也为家族赢得了无上的荣耀。在司马迁看来，大孝之道不仅是对父母的孝顺，更是要通过自身的努力和成就，为家族增光添彩。他用自己的行动证明了，只有立身正直、学有所成，才能真正尽到孝道。他的这种精神，激励着后世无数的学者和文人，成为他们追求卓越的动力源泉。

新时代家庭文明建设·家风家教篇

　　司马迁十岁的时候,父亲司马谈便引导他研读《左传》《尚书》等经典史籍。

　　司马迁虽然年龄小,但是学习非常刻苦,《左传》《尚书》等书他不仅全部读完了,还能背诵。

司马迁家训：大孝之道在立身

在良好的家风熏陶下，司马迁自幼时起就勤学苦读，在父亲悉心的教导下学习了很多知识，认识他的人都夸他是一个品学兼优的才子。

新时代家庭文明建设·家风家教篇

  几年后,司马迁跟随父亲离开家乡龙门来到了长安。长安作为当时西汉的都城,是最繁荣的城市,也是求学的最佳之地。

  来到长安后,父亲司马谈在学习上对他更加严格。司马谈时时教育儿子要意志坚定,做一件事情就做到底,千万不要半途而废。

司马迁家训：大孝之道在立身

经过一段时间的学习，司马迁不仅阅读了大量的史书，还经常虚心地向各位学者求教。然后反复思考，直到完全弄懂为止。

新时代家庭文明建设·家风家教篇

在长安学习了一段时间后，司马谈认为儿子的书本知识已经积累得不少了，是时候放下书本，去看看外面的世界，去真正运用自己学到的知识。司马迁也觉得这是一个学习的好机会，便接受了父亲的建议。

司马迁家训：大孝之道在立身

在父亲的鼓励下，二十岁的司马迁坚定地踏上了游历之路。

司马迁带着父亲的期望，从长安出发，他爬过高山，渡过河流，凭借惊人的毅力，一步步地走遍了全国各地，收集了许多从未被人记录下来的历史故事。

司马迁在收集故事时，对齐鲁文化进行了详细的考察，这对他后来编写《史记》有很大的帮助。

司马迁家训：大孝之道在立身

　　司马迁的父亲司马谈博学多才，在年轻时专注史书编写，将春秋战国时期的大事与思想流派进行了基本的整理。后来，司马谈在外地意外身染重病，只好留在洛阳养病，而病情却一直没有好转。

　　司马迁得知父亲病重，立马赶来看望他，司马谈看到已经长大成人的儿子，内心感慨万千。司马谈一生的梦想还没有实现，他明白这绝不是件能一蹴而就的事，以后只能靠司马迁一人完成了。

　　这一年，司马迁的父亲最终因病去世。临终前，他再次殷切地叮嘱司马迁："儿子，你要牢记自己的责任，一定不能被眼前的困难所打倒。"

　　司马迁眼中饱含泪水，他点了点头，向父亲承诺一定会把史书编写完成，实现父亲的遗愿。

安葬完父亲后，司马迁更加努力了。他一边争分夺秒地为写史书做准备，一边沉浸在浩瀚的文献与史料之中，将父亲的遗愿与自己的抱负融为一体，决心撰写出一部前无古人的伟大史书。

在这个过程中，他不畏艰难困苦，四处奔波收集资料，夜以继日地撰写和修改。在那些漫长而孤独的夜晚，司马迁的书房里灯火通明，他孜孜不倦地翻阅着一卷卷古籍，记录下每一条珍贵的信息，力求还原每一个历史事件的真相。

他知道，这部史书将会是他毕生的心血，也是对父亲最好的告慰。他不求名垂青史，只愿这部史书能够流传后世，让后人能够从中汲取智慧，了解过去，从而更好地面对未来。

司马迁家训：大孝之道在立身

岁月如梭，司马迁的白发渐渐增多，但他的意志却愈发坚定。他相信，只要自己坚持不懈，这部史书终将完成，它必将是一部能够启迪人心、照亮历史的巨著。

新时代家庭文明建设·家风家教篇

　　但命运总是在捉弄人，就在司马迁夜以继日地编写史书时，一场大祸突然降临到他的头上。

　　当时，朝中的一个将军被敌人俘虏，大臣们都在指责这个将军不该为了活命而向敌人投降，见司马迁没有表态，皇帝便想听听他的想法。

　　皇帝问司马迁："你觉得他做得对吗？"

　　司马迁回答道："他带领五千步兵，杀死一万多个敌人，虽然最后还是打了败仗，但已经竭尽所能。在我看来，他之所以会投降，一定是还想将功赎罪来报答您！"

　　皇帝听了司马迁的话，眉头紧锁，认定他是在替那个将军狡辩，一怒之下就将他关入大牢。

司马迁家训：大孝之道在立身

在昏暗的牢房中，司马迁遭受了难以想象的残酷折磨，但他始终不肯向强权屈服。

不久，皇帝下令对司马迁行宫刑。就这样，司马迁不仅身体上受了重伤，人格还遭到了极大的羞辱。

在悲愤交加下，司马迁好几次都想了断自己的生命，这样就不用再面对流言蜚语。但是他只要一想到那部没有写完的史书，想起父亲临终前对自己说的话，他就会告诉自己："我的任务还没有完成，我不能轻言放弃，我一定要实现父亲的遗愿！"

新时代家庭文明建设·家风家教篇

在此后无数个日日夜夜里,司马迁忘记了身体与精神上的痛苦,他全神贯注地编写着这部气势恢宏的史书。

司马迁在写史书时,记录了许多名人的故事,其中不乏忍辱负重、破釜沉舟的勇士。

比如中国历史上伟大的爱国诗人屈原,一心为国爱民,结果被小人记恨陷害,最后被罢免流放。屈原面对小人的污蔑,无法证明自己的清白,他迷茫过,痛苦过,但最后还是选择坚持下来,写出了《离骚》这样的巨作。

司马迁家训：大孝之道在立身

司马迁不断从前人身上汲取力量，化悲痛为动力，拾起信心，继续编写史书。十三年的时光转瞬即逝，已是白发老叟的司马迁耗尽了毕生的心血，终于功夫不负有心人，完成了这部旷世巨著——《史记》。

新时代家庭文明建设·家风家教篇

没有人的一生是一帆风顺的,即使是名垂青史的史学大家司马迁,他的一生也经历了无数磨难,但他从未向磨难低头。

在与友人通信时,司马迁曾写道:"人固有一死,或重于泰山,或轻于鸿毛。"这句话也是他一生的写照:每个人的生命都有结束的那一天,但有的人死了比泰山还重,有的人死了却比鸿毛还轻!

司马迁家训：大孝之道在立身

　　司马迁看似是为自己活，实际他是为了实现父亲的遗愿、为中国史学研究、为心中的正义而活。他不愿自己的死如鸿毛般轻，他希望能够为家族、为社会、为国家做出自己的贡献，这样他的一生才不算白活。

　　正是怀揣着这样高尚的人生理想，司马迁在受酷刑后，才没有因为受到屈辱而一蹶不振，而是厚积薄发，强大内心，挑战自我。

　　他凭借着坚强的意志与远大的抱负，不懈努力，忍辱负重，终于完成了《史记》这一千古名著。

新时代家庭文明建设·家风家教篇

  正是受益于父亲的以身作则和谆谆教诲，司马迁才能战胜苦难，拥有如此不凡的成就。

  司马迁的父亲司马谈爱国爱民，一生为撰写史书奔波劳碌，直至生命的最后一刻，司马谈还是心怀天下，想要继续完成史书。

  司马迁从小就懂得尊敬父母，懂得父母的良苦用心。在父亲司马谈提出让司马迁继续完成自己的史书时，司马迁知道史书对于一个民族、一个国家的重要性，即使知道完成父亲这个遗愿需要耗费很多心力，他依旧欣然接受，继承父业。

司马迁家训：大孝之道在立身

　　在司马迁受辱后，他常常想起父亲生前对自己的教诲。作为史官，身上的责任与使命是至高无上的，不能因为一时的低落而忘记自己的初心。正是这种良好的家风家训，让司马迁面对困境从不气馁，而是直面困难，战胜困难。

　　家风，是一个家族代代相传的优秀品德，它如春风化雨般滋润每个人的心灵，让他们在顺境中不骄不躁，在逆境中坚韧不拔，勇于承担责任，也敢于承担责任！

新时代家庭文明建设·家风家教篇

曾国藩家训：俭朴之风，亦惜福之道也

曾国藩，与李鸿章、左宗棠、张之洞并称"晚清四大名臣"，他是我国近代著名的政治家、军事家、思想家和文学家。

曾国藩的一生充满了传奇色彩，其成就和品德至今仍被后人传颂。作为晚清时期的重要人物，他不仅在政治和军事领域取得了卓越成就，还在思想文化方面产生了深远影响。他的《曾国藩家书》流传至今，成为后人研究其人生哲学与道德修养的宝贵资料。他以身作则，严于律己、宽以待人，其高尚的品德和坚韧不拔的精神激励着一代又一代人。

曾国藩家训：俭朴之风，亦惜福之道也

　　1811年，曾国藩出生在湖南长沙的一座小县城里，家中世代务农，父亲曾考中秀才，是一位私塾先生，家境不算富裕。曾国藩从小便严于律己、勤奋好学，常常要读书到深夜才肯去睡觉。曾国藩小的时候文才并不出众，有一次，他将白天学习的文章反复看了很多遍，可就是记不住。要强的曾国藩决定，今天背不完就不去睡觉。

　　他在房间中反复地背诵，夜渐渐深了，曾国藩还在努力地背诵，正在这时，从房顶上跳下来一个贼，把曾国藩吓了一跳。

　　原来，这个贼之前就已经来到了曾国藩的家中，打算等到曾国藩睡熟后偷东西。没想到曾国藩一篇文章背了许久，小偷最终不耐烦地从房顶上跳了下来。

新时代家庭文明建设·家风家教篇

　　曾国藩刻苦读书，在道光六年（1826年），他15岁那年考取了童子试第七名的好成绩。他在书院刻苦读书，先后考取了秀才和举人，道光十五年（1835年），曾国藩信心满满地去参加会试。然而，在会试中并没有考取名次，第二年的恩科会试中曾国藩再次落榜。

　　虽然两次考试都落选了，但曾国藩并没有就此放弃，而是回乡继续刻苦读书，终于在道光十八年（1838年）成功考取了进士。

曾国藩家训：俭朴之风，亦惜福之道也

考取进士后，28岁的曾国藩就踏上了仕途之路，并在后来一步步地成为朝中重臣。不过，虽然他位居高官，手握大权，却一直秉持着勤俭节约的作风，从不追求奢侈安逸的生活。

新时代家庭文明建设·家风家教篇

曾国藩到底有多俭朴呢？

除了官服，他的衣服几乎都是由他的夫人亲手缝制的，所用的布料当然也都是些便宜耐穿的棉布和麻布。有些衣服甚至打满了补丁，他还舍不得扔掉，要留着继续穿。

曾国藩的衣橱里，最好的衣服就是一件天青缎的马褂了。曾国藩十分爱惜这件衣服，只在重大庆典和新年的时候才穿。这件衣服平日放在衣橱里，绝不拿出来穿，因此即便过了三十年，也好像新的一样。

曾国藩家训：俭朴之风，亦惜福之道也

当人们提起这件事的时候，曾国藩只淡淡地说："难道今天所做的新衣服，就比之前做的衣服华美精致吗？"

他的卧室里既没有昂贵的摆件，也没有价格不菲的家具。实际上，就连他床上挂着的蚊帐都因为使用年头太久而发黄发黑了。

新时代家庭文明建设·家风家教篇

　　曾国藩出身农民家庭，他深知粮食的来之不易，因此一直坚持着每顿饭只吃一道菜和一碗饭，坚决不浪费一粒粮食。当然，即使只有一道菜，他也从不让人去烹饪那些价格比较贵的食材来吃。曾国藩认为自己虽然官职高，但也应该生活朴素。

　　由于曾国藩每顿饭只吃一道菜和一碗饭，因此当时的人们也戏称他为"一品宰相"。

曾国藩家训：俭朴之风，亦惜福之道也

有一次，曾国藩的好友上门做客，他正准备招待好友入席时才发现家中无酒，只能让人赶紧去街上买些散酒回来。他的好友知道后连连称奇：一个本该享尽荣华富贵的大人物，平日里竟然连坛好酒都舍不得买！

为了激励家人，曾国藩在堂中亲自书写了一副对联：惜食惜衣，不惟惜时兼惜福；求名求利，但知求己不求人。以此来表明自己节俭的决心。

新时代家庭文明建设·家风家教篇

曾国藩一直恪守着俭朴之道，哪怕是在当时奢侈成风的官场上也是如此。那一年，他任两江总督并来到扬州视察，当地的盐商为此准备了一桌山珍海味，希望他能吃好、喝好。

曾国藩家训：俭朴之风，亦惜福之道也

然而，曾国藩只挑着离他最近的那道菜吃了几口，很快就放下了手中的筷子。等到宴会散了，他才对身边的人感慨道："这么贵的菜，我怎么忍心吃、怎么忍心看啊！"

曾国藩之所以过着俭朴的生活，与他的出身有很大的联系。曾国藩出身自农民家庭，从小就受到勤俭节约的熏陶。因此，在后来曾国藩成名后，他继承了父亲的治家思想，强调为官清廉、生活朴素。

新时代家庭文明建设·家风家教篇

　　曾国藩不仅自己过着俭朴的日子，他也要求儿女们不能浪费攀比。他认为，比起给子孙后代留下钱财，更重要的是要帮他们养成良好的品性，让他们从小就知道勤俭节约的好处，这样他们的日子才能越过越好。

　　在写给儿女的书信中，曾国藩时常语重心长地叮嘱道：你们一定要边读书边种地。除了让儿子体会劳动的辛苦，曾国藩还给他们定下了许多规矩，比如出门不许坐轿子，不许随意使唤家中的佣人，不会的农活要一件件地去学，自己的事情自己做等。

曾国藩家训：俭朴之风，亦惜福之道也

曾国藩对女儿也是严加管教，除了要像儿子们一样读书认字外，他还让女儿们都要学会怎样做衣服，怎样做饭菜。

新时代家庭文明建设·家风家教篇

眼见曾国藩做着大官，许多人都私下里跑来他家，托他的儿女打点关系。然而，曾国藩知道后特意修书回家，再三教导儿女不要依仗着父亲的身份收受礼物，做人一定要自立、自尊、自爱。

曾国藩十分重视对子女的思想教育，他认为要培养出一个优秀的孩子，不仅要靠孩子本身的天性，也要靠后天家庭的培养。因此，曾国藩十分重视家庭教育。

比如，曾国藩就经常鼓励儿子们读书明理，他认为读书并不是一定要做大官，明白书中的道理、成为一个君子才是最重要的事。

曾国藩家训：俭朴之风，亦惜福之道也

在曾国藩的家书中有不少关于教导后辈读书的句子，他认为不仅要读四书五经，还要读史书，以史明鉴。正是曾国藩的教导，使得曾家后代人才辈出。

新时代家庭文明建设·家风家教篇

　　曾国藩人品高洁，勤恳工作，为官清廉。在他进京做官的七年中，从未回过家乡。曾国藩虽然在梦中会牵挂父母，但是对他来讲，回家有"三难"：

　　一难是他还在欠住房的钱，本就没有钱来还账，又何来多余的钱回家呢？二难是在家中并没有房产，回家没有能住的房子。三难是担心自己回家后时间太久，等再回来了，没有工作，如此便断掉了经济来源。

曾国藩家训：俭朴之风，亦惜福之道也

曾国藩常常告诫子女，俭朴是家族兴旺的基石，只有懂得节俭，才能避免因奢侈而导致的衰败。这种克勤克俭的家风，使得曾氏家族在动荡的晚清时期仍能保持兴盛。

新时代家庭文明建设·家风家教篇

　　更为可贵的是，曾国藩将节俭与家国情怀紧密相连。他认为："惟俭可以养廉。"这种由个人到家庭再到国家的递进式修养观，体现了中国传统士大夫"修身齐家治国平天下"的理想追求。时至今日，曾国藩的家训思想依然闪烁着智慧的光芒，为现代人提供了宝贵的精神财富和处世之道，成为许多人学习和效仿的典范。

曾国藩去世后,他留给子孙后代的精神财富被传承了下来,在他的后人中涌现出了一批杰出的人物,比如外交官曾纪泽、数学家曾纪鸿、诗人曾广钧、化学家曾昭抡、教育家曾宝荪等。

曾国藩不仅树立了节俭的家风,他还传播了孝悌的观念。曾国藩认为对父母长辈应该怀有感恩之心,感谢他们的养育之恩,同时应当尊敬、赡养长辈;对待兄弟姐妹,则要和睦友善,保持着融洽与和谐的关系。

曾国藩家训：俭朴之风，亦惜福之道也

除此之外，曾国藩也十分重视家庭教育，鼓励孩子们研究自己所感兴趣的东西。无论多忙，他都会抽出时间来陪伴孩子，起到言传身教的作用。

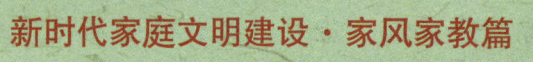

新时代家庭文明建设·家风家教篇

为了纪念曾国藩，人们修缮了他的故居。每天都有许多游客走进他的家中，感受这位晚清名臣的独特魅力。

曾国藩家训：俭朴之风，亦惜福之道也

曾国藩所树立的俭朴家风，让他的子孙后代从中受益，使得很多人成为国家的有用之才，成就了一番事业。可见，优秀的家风，是一个家庭最宝贵的精神财富。

新时代家庭文明建设·家风家教篇

颜之推家训：固须早教，勿失机也

颜之推是我国南北朝时期著名的教育家和文学家。一千多年前，他出生在一个名声显赫的大家族里，他的很多亲人都在朝中当官，这让他从小便过着衣食无忧的生活。然而，颜之推并没有因此而沉溺于安逸之中，他明白教育的重要性，尤其是早期教育对一个人成长的深远影响。

颜之推从小就非常聪明，看着家人们日日读书写字，他也早早开始学习古书，不少他还能背诵下来。八岁的时候，颜之推的父亲颜勰去世，从此颜之推和哥哥颜之仪生活在一起。长兄如父，哥哥悉心教养颜之推，培养其成才。

颜之推家训：固须早教，勿失机也

　　颜之推十二岁时，在偶然的一次机会下拜当时的湘东王萧绎为师，他刻苦努力，学识出众，获得了许多人的称赞。

　　颜之推逐渐在文学、历史、哲学等多个领域积累了深厚的学识。他不仅广泛涉猎经典著作，还注重实践与思考，将所学知识融会贯通，形成了自己独特的见解和风格。

　　颜之推深知教育的重要性，他将自己的教育理念和方法编纂成《颜氏家训》，旨在指导后人如何修身、治家、处世。

新时代家庭文明建设·家风家教篇

　　颜之推成为父亲后,十分重视对子女的教育,他认为一个好的家庭教育可以让孩子一生都受益无穷。

　　颜之推有三个儿子,他从小教给他们如何处理与亲戚、邻居、朋友、家人等关系,告诉他们要严以律己、宽以待人。可是小孩子不懂这些古人传下来的大道理,颜之推就经常用古人的故事来举例子,让孩子们真正懂得其中的意思。

　　颜之推希望自己的孩子们能本分做人,做好自己的事,少过问别人的事。孩子们都很疑惑为什么要这样做,颜之推就问孩子们:"牙齿和舌头哪个容易坏呀?"

　　孩子们齐声回答:"牙齿更容易坏!"

> 颜之推家训：固须早教，勿失机也

颜之推又问："牙齿和舌头哪个更坚硬呀？"

孩子们不假思索地说："牙齿更坚硬！"

这时，颜之推笑了笑，继续问孩子们："那为什么牙齿更坚硬，却更容易坏呢？"

这回孩子们都回答不上来了，互相对视，满脑子里都是问号。

等孩子们思考一阵过后，颜之推摸了摸胡子，向孩子们娓娓道来："牙齿正是因为过于坚硬反而容易受到伤害，而舌头看似柔软却保护了自己。做人做事也是这样，要柔软一些，学会谦让宽容，才能与他人长久地交往下去。相反，如果对待别人太过严苛，反而会伤了自己。"

新时代家庭文明建设·家风家教篇

　　颜之推为了让孩子明辨是非，从小养成好的品德，每当孩子们做错了事、说错了话时，颜之推都会严厉批评他们，让他们清楚地知道什么是对的，什么是错的，督促他们及时改正自己的问题。

　　颜之推对大司马王僧辩与琅玡王高俨完全不同的人生进行了深刻的反思。王僧辩在母亲魏夫人的严格要求下成长，为人正直，做事认真，最后成了可以领导指挥三千人的将军。而高俨从小非常聪明，皇帝皇后非常偏爱这个小儿子，结果高俨借着父母的宠爱越来越放肆，不讲规矩，结局非常悲惨。

颜之推家训：固须早教，勿失机也

颜之推在前人的这些事例中总结出"严是爱，松是害"的教育理念。主张父母如果真的爱自己的孩子，就要从小严格要求他们，过分宠爱最终只会害了孩子。

虽然颜之推严格要求孩子们的一言一行，但在与孩子们的日常相处中，颜之推并不是一直板着脸教育，他也有慈祥温柔的一面。当孩子们做错事情时，颜之推从不会睁一只眼闭一只眼，他会引导他们真正认识到自己的错误。在看到孩子们单纯可爱的一面时，他也会温柔地看着他们，不去打断他们的快乐。

颜之推也十分反对放纵和溺爱孩子。他认为如果一个孩子只想着吃好的、穿好的、住好的,心里没有远大的志向,那此人长大以后就有可能成为一个品德败坏的人。每当自己的孩子与别人攀比时,颜之推都会教育他们要做个心地纯净的人,不要只知道贪图享乐。让他们明白,比起追求安逸的生活,一个人更应当勤奋学习,成为国家的有用之才。

颜之推家训：固须早教，勿失机也

　　颜之推在《颜氏家训》中给后代子孙们举了很多例子：
　　如果你是农民，就应该种出更多的粮食；
　　如果你是商人，就应该了解商品和理财；
　　如果你是工匠，就应该制作出更精致的器物；
　　如果你是武夫，就应该熟练掌握骑马射箭之术；
　　如果你是文人，就应该写出更好的文章来启发世人。
　　在学习方面，颜之推为孩子们做了一个很好的榜样。他常以自身为例，经常和孩子们提起自己小时候学习的经历，让孩子们在潜移默化中树立学习意识，进而养成良好的学习习惯。

新时代家庭文明建设·家风家教篇

少年时期,颜之推就见过了许多不学无术的纨绔子弟。这些人经常穿着讲究的衣服,戴着昂贵的饰品,坐着豪华的马车,在闹市里来来往往地找乐子。但是,一到需要写文章、作诗赋时,他们就因为平日里只想着吃穿享乐,什么知识都没学到,只能厚着脸皮,花钱请人代写。这些纨绔子弟既分不清是非曲直,也没有远大的志向,他们自然也很难为国家和社会做出贡献。

颜之推家训：固须早教，勿失机也

　　颜之推时常会想起年少时见过的那些纨绔子弟，他非常害怕自己的孩子也变成只贪图享乐，不懂得奋斗努力的废人，因此他在悉心教导孩子本分做人的同时，也时常告诫他们要谨慎交友。

　　颜之推认为与贤德之人交往也是学习的一种重要方式，尤其是孩子小时候这段成长时间异常宝贵。一个品行端正的人可以带动影响身边的人变得越来越好，一个品行不端的人也会给身边的人带来负面影响，所以在交友上一定要擦亮眼睛，与善良正直的人交朋友才能成为更好的人。

新时代家庭文明建设·家风家教篇

　　颜之推希望子女们都有自己养活自己的能力，因此，他常常督促他们要好好学习、多多读书，不可浪费自己的大好年华。

　　孩子天性活泼爱玩，若让他们坐在凳子上几个钟头能够安静读书，对于孩子更是难上加难。但颜之推依旧让自己的孩子坚持读书，养成爱读书的好习惯。有时候孩子们难以懂得父亲的良苦用心，但是颜之推也会非常有耐心地向他们解释自己的想法。

> 颜之推家训：固须早教，勿失机也

在颜之推看来，读书不仅仅是为了学习基本的知识，还要运用学到的知识养活自己，更是为了实现自己的梦想与价值。真正的读书并不是抱着书本死读书，读死书，而是通过书中的文字让自己变得更加聪慧，有更多的勇气面对未来不确定的生活。

新时代家庭文明建设·家风家教篇

　　在空闲时,他还会给孩子讲许多关于用功读书的故事,比如"囊萤映雪"。这个故事讲的是,有两个好学的穷孩子,他们一个叫车胤,一个叫孙康,为了能在夜里继续读书,车胤就将捉来的萤火虫放进布袋里照亮,而孙康则在大冬天去屋子外借用微弱的雪光。值得欣慰的是,功夫不负有心人,这两个人最后都成了有学识、有能力的好官,为百姓排忧解难。

　　车胤和孙康没有读书的条件,便发挥想象力去创造读书的条件,他们的故事激励了一代又一代读书人勤勉奋斗。

颜之推家训：固须早教，勿失机也

孩子们听完车胤和孙康的故事也感慨万分，自己家里的书籍随处可见，灯火通明，拥有如此优越的读书环境，自己却并没有好好珍惜，孩子们都非常惭愧。

颜之推看着孩子们渐渐爱上了读书，明白了读书的意义，内心十分欣慰。

说到读书，颜之推还教导子女一定要爱护书籍。因为要想成为一个身怀大义的人，知识和道德缺一不可，而爱护书籍就是一种重要的美德。他时常叮嘱孩子们说："当你们向别人借书来看时，一定要将书保存好，如果看到上面有破损的地方，最好能尽力修补。"

孩子们听到要修补破损的书页时感到非常疑惑，围着颜之推问道："父亲，家中许多古籍都已经泛黄，不少也有破损，但并不妨碍学习，为什么一定要修补借来的书籍呢？"

颜之推笑了笑，示意孩子们坐下，耐心地说："孩子们，我给你们讲一个故事，听完你们再问我这个问题。"

颜之推家训：固须早教，勿失机也

孩子们都聚精会神，开始听颜之推讲故事。

"济阳有个书生叫江禄，他非常喜欢读书，经常向别人借书。当他正在看书，突然有急事要外出时，他一定会把书卷整理好才去做其他事。在他的悉心爱护下，他看过的书都完好如初。"

一个孩子抢着说道："我懂了！所以大家都愿意借书给他，江禄最后看了很多书，学到了很多知识。"

颜之推摸了摸这个孩子的头，称赞他非常聪明。

新时代家庭文明建设·家风家教篇

突然，颜之推话锋一转："相比江禄，有些人的行为就一定要批评了。这些人每次看完书就随手一放，根本不管会不会弄脏或者弄坏它。这些人虽然也在学习知识，但却没能养成一个好的品德。"

一个孩子听完颜之推的话，脸一红，才想起自己上午看的书就忘记整理了。颜之推话音刚落，这个孩子就跑去书房收拾书了。

颜之推家训：固须早教，勿失机也

颜之推对待孩子的教育虽然要求严格，但以鼓励为主。看到孩子能自主认识错误，主动改正陋习，他非常欣慰。看到孩子们追逐玩闹，颜之推还不忘提醒孩子慢点，小心摔倒。整个院子里都回荡着颜之推和孩子们的欢声笑语。

在颜之推一步步的认真教导下，他的子孙后代个个博览群书，为人清正，其中最有名的就数颜真卿了。

新时代家庭文明建设·家风家教篇

　　颜真卿既是唐朝著名的书法家,也是铁骨铮铮的一代忠臣。颜真卿少时家贫,却在严格的家庭教育下,每日勤学苦读,不敢懈怠。他还留下"黑发不知勤学早,白首方悔读书迟"来勉励后人发愤图强。在叛军作乱时,颜真卿始终牢记先辈的教诲,没有因为贪恋安逸的生活而屈服。最后,敌人因见他一直不肯投降,便残忍地杀害了他。颜真卿殉国后,世人皆悲伤不已。

> 颜之推家训：固须早教，勿失机也

颜真卿曾祖父是颜之推的孙子颜勤礼。颜勤礼时刻谨记祖父的教导，严以待己，宽以待人，刻苦读书，最终成为唐朝重臣。良好的家风会使代代子孙受益，颜真卿从小在清正的家庭成长，在耳濡目染下为人正直，才气冲天，是中国古代最著名的书法家之一。

颜之推家训：固须早教，勿失机也

　　颜之推留下的《颜氏家训》，重视子孙的道德修养、家庭教育、为人处世、知识积累等多方面素质。这些看似严格要求的背后，蕴含着无数中华智慧，使子孙后代受益颇多，并从中获得宝贵的精神财富。

　　值得一提的是，《颜氏家训》不仅造福了颜氏后代，更是影响了中国唐代以后的家训结构与内容，在中国家风文化史上有着举足轻重的地位。

新时代家庭文明建设·家风家教篇

朱熹家训：君之所贵者，仁也

　　朱熹是我国古代著名的思想家、哲学家、教育家。朱熹从小就展示出了过人的才智，五岁便能读懂《孝经》，少时就树立了远大理想，学习非常刻苦。

　　他一生致力于学问和教育，不仅在学术上成就卓越，更以其高尚的品德和深刻的教育思想影响了后世。朱熹认为，仁是君子最重要的品德，是立身之本，也是为人处世的根本原则。无论在家庭还是社会中，每个人都应以仁爱之心对待他人，关爱弱者，尊重长者，宽容他人。

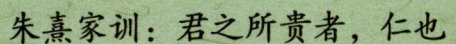

朱熹家训：君之所贵者，仁也

　　朱熹的父亲朱松是当时较为出名的理学家，学识丰富。朱松非常重视朱熹的教育问题，在朱熹很小的时候，朱松就以身作则，耐心地教育他要用功读书，不要贪图享乐，朱熹也在父亲的影响下对理学产生了极大的兴趣，刻苦钻研理学。

　　朱熹十四岁时，父亲朱松不幸因病去世。在朱松生命的最后一刻，他把朱熹叫到床前，语重心长地说："你一定要努力读书，成为一个有上进心的人！"朱熹流着泪送走了父亲，并在心底更加坚定了自己的理想。

新时代家庭文明建设·家风家教篇

朱松临终前将朱熹托付给三位德高望重的好友，朱熹安葬好父亲后便跟着母亲去父亲好友家中拜师求学。

自父亲去世后，朱熹和母亲生活十分清贫，有时甚至连一顿饱饭都吃不上。但是朱熹却没有一句怨言，他常常在天还没有亮的时候就起床读书，一直非常用功学习。

四年后，在夜以继日的刻苦努力下，朱熹在十八岁这一年成功考取贡生。通过乡试后，朱熹信心大增，第二年入都一举考中进士。

朱熹家训：君之所贵者，仁也

在朱熹为官期间，他一直关注百姓的吃穿住行，希望他们都能过上衣食无忧的日子。有一年，福建崇安县遭遇特大水灾，百姓们吃饭都成了问题，地方官员也不关心百姓的生活，朱熹立马上报朝廷，并向朝廷请求发放救济粮食。在朱熹的努力下，百姓们才平安度过了这场灾难，他们都对朱熹非常感激，称赞朱熹是不可多得的好官。

新时代家庭文明建设·家风家教篇

  在任职期间，朱熹常常想起父亲生前对自己说过的话。朱熹的父亲朱松在朱熹小时候多次向他提起为官之道，父亲告诉朱熹当官的人一定要爱国爱民，不能只想着为自己谋取私利。朱熹当官后时时牢记父亲的教诲，尽自己所能在全国各地兴建了很多书院，让更多的人有了学习知识的机会。

  朱熹明白知识对一个人一生的重要性，他重建了白鹿洞书院和岳麓书院，并且亲自编写教材，还请来了许多博学多才的老师授课。书院在全国招生，为国家培养了许多品学兼优的栋梁之材。

> 朱熹家训：君之所贵者，仁也

通过朱熹的精心办学，白鹿洞书院和岳麓书院都成为当时首屈一指的著名书院。朱熹想要把自己毕生所学全部教给学生，在书院住下亲自授课，后来这两个书院的学生总数最多达到数千人，有不少学生后来都成为著名的思想家。

新时代家庭文明建设·家风家教篇

  朱熹为官期间十分关心百姓的疾苦，多次为百姓排忧解难。

  有一年，天下大旱，百姓辛苦劳作了一年却颗粒无收，眼看着就要饿死。朱熹看到百姓生活如此困苦，想了许多办法来帮助百姓渡过难关。他先上报朝廷，请求减少或者免除百姓的赋税，还向朝廷提出为当地修建堤坝的建议。因为建堤坝不仅可以抵制洪灾，还可以花钱雇当地的农民，让没有粮食的农民赚些工钱。

朱熹家训：君之所贵者，仁也

　　百姓非常感念朱熹为他们做的一切，特别是减免赋税这项政策，让百姓身上的压力少了很多。总之，朱熹为百姓做了许多好事。在朝堂上，朱熹也经常为百姓说话。

　　朱熹一生爱民爱国，对国家、对朝廷忠心耿耿，一心一意为国家和人民干实事，受到无数百姓的爱戴。

朱熹主张"人光明磊落便是好人"。当时朱熹已经成了闻名天下的学者,但他依然十分谦虚好学,从不摆架子,待人很是宽容友善。

朱熹认为人最重要的是要有高尚的品质。只要一个人善良、有道德,就是值得尊敬的。而且,在这样的人身边,总会围着许多和他一样温暖真诚的人。

朱熹家训：君之所贵者，仁也

朱熹从不在背后议论别人，他认为没有人是完美的，只要不是犯了不能原谅的大错，别人犯了小错误都可以容忍，不能抓着别人的小错误一直不放。

同时，他认为在他人犯错后一定要多加劝导，不能因为是小的错误就认为无所谓。一直以来，朱熹都教导学生和自己的孩子，要从小事上严格要求自己，才能成为真正善良正直的人。

朱熹做事认真踏实，对待他人友善宽容，对待学习坚持刻苦，是当时许多人学习的榜样。

新时代家庭文明建设·家风家教篇

　　朱熹非常珍惜同长者学习与交流的机会，他曾不远千里跋涉，只为向当时的大学者李侗求教。据说，朱熹年轻时，听闻李侗学问渊博，便前往拜见。李侗对朱熹的求学精神十分赞赏，两人一见如故，结下了深厚的师生情谊。

　　为了深入探讨理学，朱熹还不远千里前往潭州拜访张栻。两人在岳麓书院进行了长达两个多月的会讲，共同讨论了儒家经典《中庸》《大学》等。这次会讲吸引了众多学者和学子前来聆听，成为当时学术界的一件盛事。

> 朱熹家训：君之所贵者，仁也

在会讲中，朱熹和张栻各抒己见，相互切磋，使双方对理学的理解更加深刻。据说，二人的这场会讲使岳麓书院的学术地位得到了显著提升，声名远扬，从而成为学术和文化交流的重要场所。

后来，朱熹将这次会讲的内容整理成书，对后世产生了深远的影响。朱熹的这种求贤若渴、尊师重道的精神，也成为后世学者学习的典范。

新时代家庭文明建设·家风家教篇

　　朱熹从来都不苛责他人，还常常为他人着想，看人也总是看他们好的一面。
　　朱熹一直都深受足疾困扰，有一次，一个江湖医生用针灸法给他治疗。朱熹当下就感觉自己的足疾有了好转，非常高兴地给了这个江湖医生很多钱财，还特意写了一首诗来感谢他。

> 朱熹家训：君之所贵者，仁也

没想到的是，过了几天，朱熹的足疾却突然变得更严重了，他立刻让人去把那个江湖医生找回来。

有人劝他说："那个骗子早就跑远了，想惩罚他太难了。"

朱熹长叹一声，解释道："我哪是想惩罚他呀，我这是怕他拿我的文章去招摇撞骗，要是有人不小心上当了，我会十分愧疚的！"

大家听到朱熹的话，都对他产生了敬意，感慨世上怎会有如此为他人着想的人。从此，这个故事就被流传了下来，大家每次提起，都会被朱熹的善良所打动。

新时代家庭文明建设·家风家教篇

　　朱熹的一生遇到了许多困难，但是他从不向困难低头，而是勇敢面对磨难，积极乐观生活。

　　朱熹虽然当过很长时间的官员，但是生活依旧非常贫困，他住的宅子破到都不能遮挡风雨。朱熹的朋友看不下去，想要为朱熹盖新房，朱熹立马拒绝了朋友的帮助。他觉得自己的事不能过多麻烦亲朋好友，但是当亲朋好友遇到困难时，朱熹又总是慷慨相助。

朱熹家训：君之所贵者，仁也

　　受到父母的熏陶和影响，朱熹这一生淡泊名利、安贫乐道，从不因为钱财而与别人斤斤计较。哪怕家中只剩下野菜和谷糠，每当有学子远道而来向他求教时，朱熹也会尽自己所能让他们填饱肚子。

　　朱熹曾写下这样一句诗："等闲识得东风面，万紫千红总是春。"这是朱熹对自己的鼓励，也是朱熹对后人的激励。他想用自己的经历告诉后人，不要因为一时的困境而难过，永远不要失去对未来的向往，困难总会过去，迎接我们的一定是美好的春天。

新时代家庭文明建设·家风家教篇

朱熹非常重视孩子的教育,他传承了父母的教育之道,虽然经常在外为官,但他时常会写信回家,督促自己的孩子不仅要勤奋学习,更要成为一个品行高洁的君子。

在朱熹的教导下,他的子女们从不在背后议论别人,对待同学都很友善,有时犯了错误也会主动反省,并努力改正。

后来有一次,朱熹到已经嫁人的女儿家中做客。女儿因为家境贫穷,实在拿不出什么好菜好饭来招待父亲,心中十分愧疚。

朱熹家训：君之所贵者，仁也

　　看到桌子上的清汤和麦饭，朱熹丝毫没有生气，他反而非常高兴地说："多好的一顿饭啊！"说罢，他拿起筷子，吃得格外香甜。女儿见到父亲如此体谅自己，脸上的愁云顿时烟消云散。

　　饭后，朱熹告诉女儿："千万不要因为清贫而觉得不好意思，做人最重要的是拥有好的品德。"

　　在朱熹的悉心教导下，他的儿女都善良正直，懂得礼义，不贪图名利。

　　只可惜命运难测，朱熹中年时妻子不幸离世，后来，女儿和儿子也走在了他前面，朱熹白发人送黑发人，悲痛万分。

在人生即将走向终点时,两鬓斑白的朱熹写下了著名的《朱子家训》,这是他留给子孙后代的宝贵财富,无数人从中受益良多。

朱熹回顾自己的一生,他看到的总是美好与善良的世界。他告诉后人要善待、理解、尊重他人。他一生忠于国家和人民,从不考虑自己的私心,一心只为百姓干好事。

朱熹离开我们已经八百多年,但是他的思想影响了一代又一代的人。直至今日,还有很多人学习朱熹的理学思想,以及他的为人处世之道。

《朱子家训》中的治家、做人思想值得我们所有人学习思考,值得我们真正运用到日常的学习生活中去。

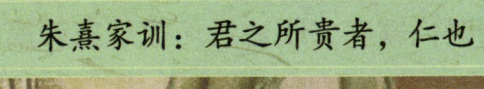

朱熹家训：君之所贵者，仁也

家风的传承并不是件容易的事情，只有每一代人为下一代人树立起好的榜样，代代传承，优良的家风才能在历史长河中焕发新的生机！

欧阳修家训：勤政敬业，可守清贫

欧阳修是北宋政治家、文学家，后人又将其与韩愈、柳宗元和苏轼合称"千古文章四大家"。

他不仅在文学上成就斐然，更以其高尚的品德和勤政敬业的精神著称于世。欧阳修一生秉持"勤政敬业，可守清贫"的理念，这种精神不仅体现在他的为官之道中，也深深融入了他的家训之中。

欧阳修的家境并不富裕，他的父亲欧阳观是一个小官，且十分清廉，但他经常拿着自己的钱财去接济穷人。在欧阳修很小的时候，总能见到父亲披着外衣，坐在书桌前，借着一豆昏黄的烛光，认真地翻看着各种卷宗。

欧阳修家训：勤政敬业，可守清贫

一天深夜，欧阳观在查看案件时，他的夫人郑氏正抱着欧阳修坐在一旁。见欧阳观总是愁眉不展，便询问是怎么一回事。欧阳观深深地叹了口气，说道："我想替这个死刑犯找一条活路，但无论如何也找不到，因此发愁啊！""获死罪的犯人还可以找到活路吗？"郑氏十分不解地问道。

欧阳观回答道："其实，很多死刑犯所犯的罪都不足以判处死刑，若能找到免除他们死罪的机会，便可救人一命。如果因为我的疏忽导致他们含冤而死，那我难辞其咎！不过，如今我已竭尽全力，若仍找不到这个犯人可以活命的条件，那么我与这位死刑犯在此案上便都没有遗憾了。"

父亲在世时的言行举止，深刻地影响了欧阳修的一生。

新时代家庭文明建设·家风家教篇

　　然而，好景不长。欧阳修四岁的时候，他的父亲因病去世了。由于欧阳修的父亲在世时常常救济贫苦百姓，加之为官又十分清廉，因此家中并没有留下积蓄和田产。

　　父亲的病逝使得整个家庭的生活陷入了困境。欧阳修的母亲为了养活他，不得不带着他投奔到了亲戚家。

　　虽然他们寄人篱下，生活也过得非常清贫，但他的母亲却并没有荒废欧阳修的学业，反而十分重视对他的教育。母亲时常会给欧阳修讲一些有意思的故事，来教导他做人一定要勤勉，不能因为贫穷而失去志气。

新时代家庭文明建设·家风家教篇

等到欧阳修年纪稍大一些时，他的母亲决定要让他开始读书识字。不过，欧阳修的家里实在是太穷了，平日里只能吃些粗茶淡饭，现在更是连一点钱也拿不出来。他的母亲为此事十分发愁。因为家里没有钱买纸和笔，她每天都要叹上许多回的气。每当她听到学堂里面琅琅的读书声，便更加愧疚焦急。

欧阳修家训：勤政敬业，可守清贫

有一次，郑氏来到屋前的池塘边洗衣服。洗着洗着，她突然看见了荻草，这是一种长得很像芦苇的水生植物。一个想法出现在了她的脑海里：如果把荻草秆当作笔，把地当作纸，我不就能教孩子写字了吗？

原来，欧阳修的母亲郑氏出生于江南的一个名门望族，她知书达礼，是一位受过良好教育的大家闺秀。以她的学识，教小孩子念书识字绰绰有余。

091

新时代家庭文明建设·家风家教篇

于是，欧阳修的母亲折了很多的荻草秆拿回家，又找来一些细沙铺在院子里。小小的欧阳修在母亲的教导下，一笔一画地在地上学起了写字。母亲教给他的每一个字，他都会练习千百遍，直到将字牢记于心。就这样，没过几年，欧阳修就认识了几千个字。

欧阳修家训：勤政敬业，可守清贫

除此之外，郑氏还在思想上对欧阳修进行教育，她常常告诫欧阳修做人不可随声附和，不能够随波逐流。等到欧阳修认识的字多起来后，郑氏便教他读唐诗。

小时候的欧阳修虽然对这些诗文一知半解，但郑氏的教授激发了他对读书的兴趣。叔叔欧阳晔也时常指点欧阳修的学业。欧阳修的童年教育，便在母亲和叔叔的悉心指导下奠定了基础。

新时代家庭文明建设·家风家教篇

欧阳修非常喜欢读书，他十岁的时候就把家里的书都读完了。因为家境贫寒买不起更多的书，他的母亲只能经常带着他去别人家借书看。

欧阳修每次借到好书时，都会不分昼夜地用心阅读，经常一读就是一整晚。

随州有一个李氏家族，他们家族十分庞大，家族中的人也十分喜欢欧阳修，经常借书给他看。

欧阳修十岁的时候，偶然从李氏家中得到了唐代文学家韩愈的《昌黎先生文集》六卷，他一下子就被书中的内容吸引了，仿佛一棵干涸许久的树苗突然遇到了甘露，便目不转睛、废寝忘食地读着。

年少时的欧阳修就这样接触到了一代圣贤韩愈的思想，这也为他后来的诗文革新运动埋下了种子。

欧阳修家训：勤政敬业，可守清贫

新时代家庭文明建设·家风家教篇

看到儿子如此喜欢读书，郑氏十分欣慰。有时碰到好书，欧阳修常常会沉入进去，以至于忘记了吃饭。

由于借的书必须按期归还。后来，母亲就鼓励他遇到好书就抄下来，留着以后继续看。欧阳修也从不觉得麻烦，为了把书如期归还给主人，他总是一边抄写一边背诵，往往还没抄完就已经能记住全书的内容了。

> 欧阳修家训：勤政敬业，可守清贫

因为欧阳修母子十分守信用，每次借书都能按时归还，所以周围的人都愿意借书给他们。于是，欧阳修阅读的书越来越多。读到的名人传记多了，他也逐渐有了自己的思想。

这样日积月累，欧阳修通过自己不懈的努力，从小就能写出一手好文章来。人们见到他写的文章，无不惊喜夸赞，人人都夸奖他以后会有大出息。

> 新时代家庭文明建设·家风家教篇

　　后来,欧阳修多次参加科举考试,在他二十三岁时参加礼部省试,高中会元。虽殿试未摘得状元之冠,但他的才学已备受瞩目,在当时被传为佳话。

　　在欧阳修踏上仕途之路后,他的母亲希望儿子不仅在文学方面能够有所造诣,在做人做事上也要对得起自己的良心。

　　欧阳修的母亲常常要求他以父亲欧阳观为榜样。

欧阳修家训：勤政敬业，可守清贫

"你的父亲在做官的时候，常常深夜里还在处理案件，尤其是平民百姓的案件，他更是慎重，经常翻来覆去地查看。凡是能够从轻判处的，都轻判了，对于不能够从轻判处的，他也往往同情叹息不止。你也应当学习你的父亲，做一名好官。"郑氏语重心长地说道。

欧阳修虽然做了官，但他的母亲郑氏依然要求他过着俭朴的日子，还时常叮嘱他要记得父亲的嘱托，为官要勤政爱民。

新时代家庭文明建设·家风家教篇

有一年，欧阳修被派到扬州担任知州。为了能让老百姓过上更好的日子，他经常会来到田地里观察庄稼的长势，了解各种灾害的情况，帮助农民解决很多要紧的问题，深受当地百姓的爱戴。

欧阳修的仕途十分坎坷。在宋仁宗时期，北宋王朝的弊病开始逐渐显现，人与人之间的贫富差距加大，社会矛盾逐渐突出。

为了改变这一状况，欧阳修和他的好朋友范仲淹开始想办法进行改革。然而，由于改革触犯了一些当权者的利益，他们受到了打击，欧阳修也被贬为夷陵县令。

欧阳修家训：勤政敬业，可守清贫

虽然改革失败了，但欧阳修等人并未气馁，一番休整后，又提出了贡举法等主张，虽然遭遇他人阻挠，依然失败，但被贬滁州期间，欧阳修写下了不朽的名篇《醉翁亭记》。滁州也在欧阳修的治理下变得井井有条。

新时代家庭文明建设·家风家教篇

受到父母的熏陶和影响,欧阳修也很重视对子女的教育。他曾写下著名的家训——《诲学》来劝诫子女:"玉不琢,不成器;人不学,不知道。然玉之为物,有不变之常德,虽不琢以为器,而犹不害为玉也。人之性,因物则迁,不学,则舍君子而为小人,可不念哉?"

欧阳修家训：勤政敬业，可守清贫

欧阳修的意思是说，人就像是块璞玉，如果不进行雕琢，就不会成为器物；人同样要经过学习，才能够懂得道理。然而玉石这种东西有稳固的特性，即便不作为器物，也依旧是玉。人的本性却会因为外界事物的影响发生变化，如果不学习，就不会变成君子而变成小人。

如此看来，欧阳修十分重视对子女的教育，这个道理我们也要铭记于心。

新时代家庭文明建设·家风家教篇

欧阳修家训：勤政敬业，可守清贫

北宋熙宁五年（1072年），欧阳修逝世，享年六十六岁。

回顾欧阳修的一生，他的文学作品体裁多样，各得其宜，给后世留下了很多优秀的著作，对中国传统文学的发展做出了巨大贡献，真不愧是宋代文学史上最早开创一代文风的文坛领袖！

后世将欧阳修与韩愈、柳宗元、苏洵、苏轼、苏辙、王安石、曾巩，并称为"唐宋八大家"。

新时代家庭文明建设·家风家教篇

　　家风是家庭或家族世代相传的风尚、生活作风，是一个好的家族鲜明的道德风貌和审美风范。家风对孩子成长的影响是不可低估的，有着人生启蒙的作用，是一笔能够代代相传的精神财富！

　　正是优秀的家风，塑造了欧阳修于困境中奋发向上的坚韧品格，让他时时牢记父母的教诲，并最终成就了自己名留青史的传奇人生。

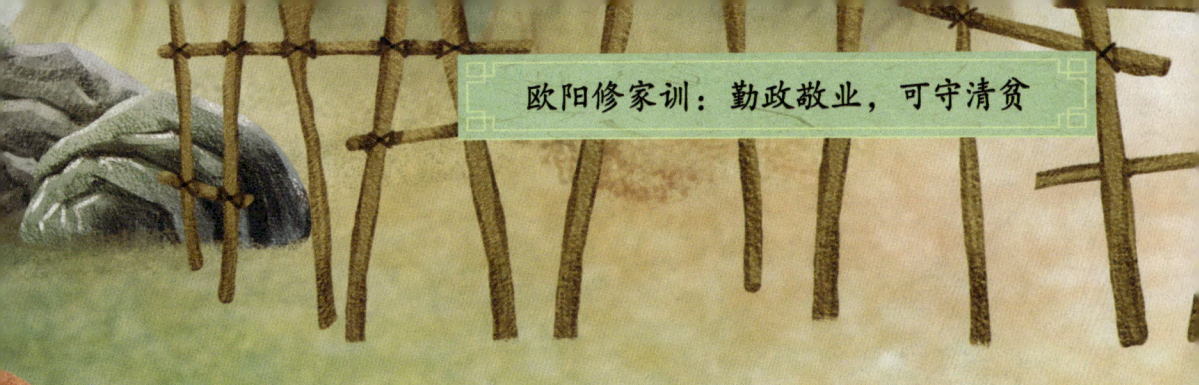

欧阳修家训：勤政敬业，可守清贫

　　小朋友，在前面的章节中，我们搭乘着神奇的时光机前往遥远的古代，阅读了许多关于古代名人的故事，学习了他们身上所具备的优良品质，了解了许多传统而优秀的家风家训，以及它们对人的一生所产生的重要影响。

　　你知道吗？父母是孩子的第一任老师，家长的一言一行也会对我们的人生产生重要的影响。良好的家庭教育，能够为孩子营造一个好的家庭氛围，帮助我们塑造良好的人格，树立正确的世界观、人生观、价值观，让我们健康快乐地成长，变得更自信、更优秀、更有担当！

　　接下来，让我们继续搭乘神奇的时光机，前往神秘的动物王国，去听听动物们的故事，感受新时代家庭文明建设中家教的重要作用吧！

二、家教篇

小朋友,你知道怎样的行为不能做,怎样的角色不能当,怎样的朋友不能交,怎样的思想不能要,怎样的生活习惯不能有吗?相信了解了下面的一个个小故事,你就会明白啦!

这样的行为不能做

从前，在一个遥远的地方，有一片美丽而茂密的森林，它属于动物王国。

动物王国的森林里住着许许多多可爱的动物。瞧，这是一只淘气的小熊，它正在森林里肆意地奔跑呢！

小熊长得胖乎乎，浑身披着又长又密的毛发，脸蛋上嵌着一双黑溜溜的眼睛，圆溜溜的鼻子像一颗大大的宝石，真可爱！

小熊生性活泼好动，经常在森林里四处疯玩。玩着玩着，它会故意乱扔垃圾，让小猴子因为踩到果皮而摔倒；它会伸手弄坏小鸟的巢穴，让小鸟无家可归；它会踩坏鸡妈妈的篱笆，让鸡窝变得乱糟糟；它会悄悄地挖坑，等待小动物们不小心掉进去……

总之，小熊的脑袋瓜里装着许多馊主意，它经常调皮捣蛋，做一些让小朋友感到不开心的事情。

新时代家庭文明建设·家风家教篇

春天到了,又到了万物复苏的季节。柳树长出了新芽,大地悄悄褪去了土黄色的衣裳,地上的小草破土而出,好奇地张望着。

有一天清晨,可爱的小白兔趴在绿油油的草地上吃草。

新长出的草鲜嫩多汁,对于已经吃了几个月干草的小白兔来说,新鲜的草可是难得的美味。

"咔嚓,咔嚓",正当它吃得津津有味时,小熊出现了。

小熊悄悄地走到小白兔的身后,大吼一声:"狼来了!"

小白兔一听,吓得拔腿就跑。

这样的行为不能做

　　小熊则得意地待在原地,哈哈大笑。
　　"小白兔,小熊在捉弄你呢!放心,附近没有狼。"小鸟飞过来说。
　　得知真相的小白兔,气得连耳朵都竖起来了!
　　"小熊故意吓别人,真是太过分了!我要找它讲道理去!"小白兔气愤地说道。

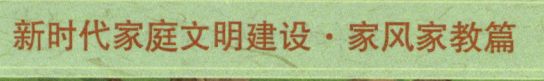
新时代家庭文明建设·家风家教篇

　　灿烂的阳光下,森林里的花朵争先开放,它们舒展着自己的花瓣,向人们宣告着春天的到来。粉的、红的、黄的连成一片,形成一幅美丽的画卷。

　　阵阵幽香从花丛中散发出来,吸引蝴蝶前来拜访;勤劳的蜜蜂也早早出来工作,它们在花丛中飞舞,汲取着花蜜。好一片欣欣向荣的景象!

这样的行为不能做

美丽的小鹿扬了扬蹄子,走入花丛中,欣赏美丽的花朵。

"好美的花呀!"小鹿欣喜地赞叹道。

一缕幽香俏皮地钻入小鹿的鼻子中,它闭上了眼睛,深深地闻了闻花香,多么清香!

新时代家庭文明建设·家风家教篇

　　小鹿正在闭眼嗅着花香，这时，小熊来了。小熊看见小鹿，眼珠一转，就有了坏主意。
　　只见它蹑手蹑脚地走到树下，趁小鹿不注意，摘掉了树枝上的花朵，飞快地溜走了。
　　小鸽子看到了这一幕，大喊道："小熊，你这样做是不对的！不可以乱摘花朵！"
　　小鹿听到声音后，睁开了眼睛，它看到光秃秃的树枝，气得直跺脚！
　　"小熊，大坏蛋！"小鹿冲着小熊远去的身影喊。

这样的行为不能做

"略略略——有本事来抓我呀！"小熊满不在乎地回应道。

看着小熊的身影消失在树林里，小鹿气愤地说道："太过分了！下次见到小熊一定要好好教训他！"

新时代家庭文明建设·家风家教篇

　　想到上午的"行为",小熊开心地笑了出来。它优哉游哉地回到了家里。吃过午饭后,美美地睡了个午觉。

　　下午,小熊跑到后山玩耍。哎呀,它不遵守交通规则,还闯了红灯。开车的小鸭子为了躲避小熊,猛打方向盘。

　　"砰"车子一下子失控,撞到了路边的大树。

这样的行为不能做

"哎呦!"小鸭子痛呼一声,胳膊擦伤了。

小鸭子顾不得自己的伤,赶忙察看小熊有没有受伤。见到小熊毫发无伤,小鸭子才松了口气,紧接着数落道:"小熊,你怎么可以闯红灯呢!这样的行为是不对的!"

小熊却不以为然,向小鸭子做了个鬼脸,一蹦一跳地上山去了。

"你!"小鸭子一时间不知道说什么好,只好深深地叹了口气,忍着痛将车开回到马路上。

新时代家庭文明建设·家风家教篇

来到林子里，小熊发现了一个大大的蜂巢，想到里面甜甜的蜂蜜，小熊的口水流了出来，它很想偷点蜂蜜吃。

但是蜂巢太高了，小熊爬树的技能还不太熟练，它尝试了好几次，依旧碰不到蜂巢。

这可怎么办呢，小熊左思右想，突然，它看到了落在地上的枯枝。

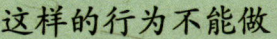

这样的行为不能做

　　小熊眼珠一转,瞬间有了主意。它找来一根又长又粗的树枝,用力朝蜂巢捅去。捅着捅着,小熊看到了金黄的蜂蜜正沿着蜂巢一点点淌下来。

　　"嗡嗡嗡……"

　　蜜蜂们发现家园被小熊捣坏了,十分生气。

　　"小熊在破坏我们的家园!"其中一只蜜蜂生气地说道。

　　"太猖狂了,我们要给他一个教训!"另一只蜜蜂附和道。

　　"兄弟们,上啊!让它知道我们可不是好惹的!"蜂王发话道。

　　大家一拥而上,朝着小熊飞去。

新时代家庭文明建设·家风家教篇

　　很快,小熊被蜜蜂们团团围住。
　　"你这个大坏蛋!"蜜蜂们喊道。
　　小熊却并不觉得自己哪里做错了,它捧着蜂蜜,不服气道:"你们凭什么这么说我!"
　　"你毁了我们的家园!"蜜蜂们气愤地说。
　　小熊还想争辩什么,突然,它觉得脸上又疼又痒。原来,蜜蜂们纷纷将螫针刺进了小熊的皮肤里。
　　瞧,被螫的小熊难受地在地上打滚,大声叫嚷:"救命啊!"

这样的行为不能做

　　此时,小白兔和小鹿来到了后山,见到了小熊狼狈的样子。

　　"小熊欺负了我们,现在可算受到教训了!"小兔子解气地说道。

　　"就是就是,我们不要理他了!"小鹿说着,满意地载着小兔子离开了。

新时代家庭文明建设·家风家教篇

小熊被蜜蜂蜇得四处逃窜,最后它躲进了水里,蜜蜂们在岸边没有办法,就散去了。

小熊哭着跑回了家,熊妈妈看见小熊的脸肿了起来,吓了一大跳,赶忙问道:"发生什么事了?"

小熊只好把事情的来龙去脉告诉了熊妈妈。

这样的行为不能做

熊妈妈一听，严肃地对小熊说："乱扔垃圾、不遵守交通规则都是不对的。捉弄别人不可取，破坏公共环境设施是错误的，偷东西更是不文明的行为。这样的行为都不能做！"

听了熊妈妈的教诲，小熊意识到了自己的错误，惭愧地低下了头。

"我知道错了，对不起。"小熊低声说道。

熊妈妈揉了揉小熊的脑袋，语重心长地说："去和小兔子它们道歉吧，下次不可以这样做了。"

新时代家庭文明建设·家风家教篇

第二天,小熊早早地来到草地上,采集新鲜的嫩草。

初春的阳光已经给大地带来了暖意,小熊采集了不一会儿,额头上便出现了汗珠。

当小白兔蹦蹦跳跳地来到了草地上,看到小熊正在采集嫩草,立刻,惊呼一声,躲在了石头后面。

这样的行为不能做

"小白兔,是你吗?"听到惊呼声的小熊循声找了过来,试探地问道。

小白兔慢慢地露出脑袋,警惕地盯着小熊,问道:"你又在打什么坏主意?"

小熊听到小白兔的话,脸一下子羞红了,将采集来的嫩草送给小白兔,并向它道歉。

"小白兔,对不起,我昨天做得不对,请你原谅!"小熊真诚地说。

小白兔惊讶地看着手里的嫩草,露出了笑容:"小熊,没关系。谢谢你的礼物!"

新时代家庭文明建设·家风家教篇

得到了小白兔的原谅后,小熊扛着锄头,拎着水桶,来到了光秃秃的树枝前。

它重新松土种花,又为其他的树浇水,累得满头大汗。

"呼——呼——"干完活的小熊大口大口地喘着气,在树下休息乘凉。

小鹿哼着歌来到了树林里,见到在树下休息的小熊,警告道:"小熊,不许你再摘花了!"

这样的行为不能做

"没有,我不敢了,我是来种花的。"小熊连忙站起身,摆摆手,真诚地说,"小鹿,对不起,我昨天做得不对,请你原谅!"

一旁的小白兔捧着嫩草跳了出来,说道:"小熊已经知道错了。看!它还送给我一大捧嫩草呢!"

小鹿看了看小白兔,又看了看小熊,笑着说道:"小熊,没关系。谢谢你来种花!"

新时代家庭文明建设·家风家教篇

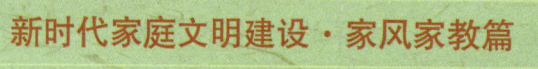

得到了小白兔和小鹿的原谅后，小熊找到了小鸭子说："小鸭子，对不起，我不应该闯红灯的，我以后一定会遵守交通法规的。"

"没关系，知错能改我们还是好朋友。"小鸭子说。

告别了小鸭子，小熊回家认真制作了一个蜂巢，找到蜜蜂们。

"小蜜蜂们对不起，是我弄坏了你们的家，我重新做了一个家还给你们，希望你们能够原谅我。"小熊说道。

这样的行为不能做

蜜蜂们"嗡——嗡——"地飞着,说道:"没关系,下次想吃蜂蜜可以告诉我们,我们分一些给你。"

经过这次事件,小熊成长了许多,也明白了"己所不欲,勿施于人"的道理。在熊妈妈的教导下,小熊提高了个人素质,不再捉弄小朋友,更不会去偷东西。

渐渐地,小熊养成了良好的行为习惯,成为森林里受欢迎的小朋友。

"小朋友们,我们都要做一个有家教的好孩子哦!"小熊说道。

新时代家庭文明建设·家风家教篇

这样的角色不能当

有一天,小黑熊在幼儿园里玩耍。它抬起头,发现一只树懒正挂在树上睡觉,而树懒抱着的树干,正是小黑熊最喜欢的位置。它看着睡得很香的树懒非常生气,心中想起一计。

小黑熊突然大笑:"哈哈,树懒是个大懒虫!"

这样的角色不能当

它一边嘲笑树懒懒惰，一边爬上去，把树懒赶了下来。

树懒揉了揉蒙眬的眼睛，生气地说："讨厌的小霸王！"

被迫下了树的树懒，很不适应地趴在了地上。接着，它用前肢拖动着身体前行，爬得非常慢。树懒花了很长的时间，才重新回到了树上。

新时代家庭文明建设·家风家教篇

　　小黑熊欺负树懒的事情,很快传到了熊爸爸的耳朵里,熊爸爸非常生气。
　　熊爸爸立马把小黑熊叫到了身边,严肃地对他说:"你欺负树懒的行为算是校园霸凌,会损害树懒的身心健康,这是不对的!在这个事件中,你相当于霸凌者,这样的角色不能当!"

这样的角色不能当

小黑熊听了熊爸爸的话,惭愧地低下了头,眼睛一下就红了。它小声说:"爸爸,我错了,我不知道这么严重。"

小黑熊愿意认错,熊爸爸非常欣慰,它摸了摸小黑熊的头,语气柔和地说:"不管这件事是大事还是小事,只要是欺负同学的事情都不能做!同学之间要互相帮助,互相关爱才对。"

小黑熊擦了擦眼泪,点头表示懂了。它向爸爸承诺,以后一定不做欺负同学的事情了,吃完饭就去找树懒道歉。

树懒看到小黑熊是真心道歉,就原谅了小黑熊。它们又一起开心快乐地玩起来。

新时代家庭文明建设·家风家教篇

在小黑熊家的附近，住着一只狡猾的小狐狸。这只小狐狸是动物王国里出了名的"小喇叭"，谁迟到了，谁上课打瞌睡了，谁课间吃小零食了，它都要偷偷告诉白羊老师。白羊老师好几次告诉它不要打小报告了，但是小狐狸还是会这么做。

小狐狸嫉妒心还很强，见不得别人比自己优秀。别人比它得到的小红花多，它就会说别人的小红花一定是作弊拿到的。时间久了，同学们都很讨厌它。

这样的角色不能当

有一天,小狐狸早早来到学校里转悠。突然,它闻到了一股香味,它顺着香味追过去,发现小猪正在吃它妈妈为它准备的早餐——一个香喷喷的面包。

小狐狸馋得直咽口水,它想自己独吞了小猪的面包,便跑过去对小猪说:"学校规定不能带零食!我看到你偷带面包了,快把它交出来给我,不然我就去报告白羊老师,让它没收你的面包还要批评你!"

小猪皱起眉头,使劲地摇摇头,生气地说:"这是我的早餐,我又没有带零食,凭什么要给你呀!讨厌的小喇叭!"

新时代家庭文明建设·家风家教篇

　　吃不到面包的小狐狸，气呼呼地跑去教室找白羊老师。小猪看着它跑开的背影，越想越不放心，也悄悄跟了过去。一路上，小狐狸一直想着该怎么和白羊老师说这件事，嘴里还一直念叨着。

　　白羊老师正坐在桌子旁批改作业，小狐狸突然走到白羊老师面前，把白羊老师吓了一跳。

　　"小狐狸，你来找老师有什么事呀？"白羊老师问小狐狸。

　　"白羊老师，不是我的事情，是小猪它上课不认真，偷吃零食！"小狐狸添油加醋乱说一通，语气坚定，好像真的有这么一回事似的。

这样的角色不能当

正在白羊老师思考怎么处理这件事时,站在门后默默听完全部对话的小猪再也沉不住气了,推开门走上前。

"老师,您别听小狐狸瞎说。我只是在吃早餐,而且是在早上来学校后、上课前吃的,可没有偷吃零食!我的早餐是一个面包,我根本就没有带零食来学校,更不可能上课偷吃!"小猪辩解道。

"我……"小狐狸脸一下变得通红,说不出话来。

得知真相的白羊老师思考了一阵,把小狐狸叫到身前。

白羊老师严肃地说:"小狐狸,打小报告是不对的,会破坏你和小朋友之间的关系。在这个事情中,你相当于告密者,这样的角色不能当!"

小狐狸听了白羊老师的话,惭愧地低下了头。它觉得自己的自尊心被打击了,眼睛红红的,耳朵都耷拉了下来。

"老师,我知道错了,我以后再也不打同学的小报告了。"小狐狸说完,眼泪止不住地流了下来。

这样的角色不能当

小猪看到小狐狸不再嚣张,而且也认识到了自己的错误,它对小狐狸说:

"小狐狸,我也有错误,不应该把早餐带到学校吃,如果你以后再也不乱打小报告,我还可以和你当朋友。"

"真的吗?你以后可以监督我!对不起,我再也不当小喇叭了。"小狐狸的眼睛一下就亮了起来,它伸出双手主动地握了握小猪的手说。

白羊老师看到它们俩和好如初,内心非常欣慰。它微笑着说:"小狐狸知错能改,小猪体谅同学,你们两个都是老师的好学生!老师为你们骄傲!"

小狐狸听完白羊老师的话,一扫脸上的阴霾。然后和大家一起开心地上课了。

新时代家庭文明建设·家风家教篇

　　小狐狸的邻居是一只活泼的小袋鼠。袋鼠妈妈平时非常宠爱小袋鼠，小袋鼠在妈妈无微不至的关怀下长大。小袋鼠干错事，袋鼠妈妈只是非常温柔地拍它一下。

　　时间久了，小袋鼠成为动物王国里出了名的"小赖皮"。

　　为什么叫"小赖皮"呢？是因为它做事情很任性，总喜欢临时变卦！

这样的角色不能当

有一天,小袋鼠和小花猫相约周末一起去爬山。可是,到了约定的时间,小袋鼠却还赖在床上。

袋鼠妈妈提醒道:"小袋鼠快点起床,小花猫肯定在等你了!"

小袋鼠却说:"哎呀,好困啊!我不想去爬山了。"

还没等袋鼠妈妈说完话,小袋鼠就直接钻进被窝里,继续呼呼大睡。

新时代家庭文明建设·家风家教篇

　　小花猫没有等到小袋鼠，它气呼呼地跑回了家。回到家，小花猫越想越难过，忍不住哭起来。它下定决心：以后再也不和小袋鼠玩了。

　　第二天，这件事传到了袋鼠妈妈的耳朵里。袋鼠妈妈把小袋鼠叫到了身边，严肃地说："小袋鼠，你昨天没有去赴小花猫的约，让小花猫等了你一天。你临时变卦的行为，会破坏小朋友对你的信任，这是不对的！在这个事情中，你相当于毁约者，这样的角色不能当！"

这样的角色不能当

　　小袋鼠听了袋鼠妈妈的话,惭愧地低下了头,没想到小花猫竟然一直在等它。它小声地问妈妈:"妈妈,小花猫以后还会和我玩吗?"

　　袋鼠妈妈语重心长地说:"如果你这一次不主动向小花猫诚恳道歉,小花猫可能再也不会做你的朋友了,它对你已经不信任了。"

　　小袋鼠擦了擦眼泪,赶紧穿好鞋子说:"妈妈,我再也不会临时变卦了!我这就去找小花猫道歉,我不想失去这个好朋友!"

　　袋鼠妈妈看到小袋鼠真的认识到了自己的错误,露出了会心的微笑。

新时代家庭文明建设·家风家教篇

周末,阳光明媚,树懒和小黑熊一起趴在树枝上睡觉。小黑熊在睡梦中突然醒来,想起以前把树懒从树上赶走的事。如今的它回忆过去,发现自己从前真霸道,居然那样欺负树懒,心里顿时涌起一阵愧疚。

"树懒,对不起!我再也不做小霸王了。"小黑熊真诚地说。

"小黑熊,过去的事情就让它过去吧!你现在已经不是小霸王了,现在愿意让我和你一起分享树干,有好吃的还会专门跑来送给我,现在的你真的很棒!"树懒安慰道。

这样的角色不能当

小黑熊听到后,感动得热泪盈眶。它终于懂得了交朋友的道理:做事霸道的小朋友,是永远交不到好朋友的。只有善良热心,乐于分享的小朋友,才能交到真正的好朋友。

小黑熊高兴地想与树懒一起玩秋千,可惜树懒行动缓慢,只能在树上愉快地看着小黑熊荡秋千。

小黑熊荡着秋千说:"树懒,能拥有你这样的朋友我真的太开心了!我一定会变得越来越好,和你一样成为善解人意、最值得信赖的朋友!"

树懒点了点头说:"我相信你一定可以的!"

后来,小黑熊和树懒一起快乐地长大,互相帮助,最终成了彼此最好的朋友。

新时代家庭文明建设·家风家教篇

曾经，小狐狸因为嫉妒小猪有面包吃而向白羊老师打小报告。小狐狸现在每次看到面包，耳边总是会想起它曾经对小猪说的那句话："小猪，对不起！我再也不当小喇叭了。"

有一次，小狐狸在上学的路上，看到两只小仓鼠在偷吃袋鼠妈妈的菜。它刚想大喊，提醒袋鼠妈妈快点去收菜，耳边却响起了自己曾经对小猪说过的话，就把话咽了回去，最终选择不说。

正好，小猪也看到了这一幕，趁小仓鼠还没跑远，小猪大喊："袋鼠妈妈！快点出来，有小仓鼠偷吃您的菜！"

袋鼠妈妈听到立马跑出来追小仓鼠，还不忘谢谢小猪的提醒。

这样的角色不能当

小狐狸听到小猪的叫声,立马跑了过来,它疑惑地问小猪:"小猪,白羊老师不是说我们不能当小喇叭吗?你怎么告诉袋鼠妈妈了?"

小猪拍了拍小狐狸,笑着说:"小狐狸,不当小喇叭不是不让你说话,打小报告是不好的行为,但是善意的提醒是正确的行为!"

小狐狸挠了挠头说:"原来是这样呀!那我不当只会告状的小喇叭,要当传播善意的小喇叭!"

小猪点了点头,它看了下手表,发现距离上课只有十分钟了。

"小狐狸,快!不能多说了,我们快迟到了!"

说完,小猪一把拉起了小狐狸的手,笑着奔向了学校。

新时代家庭文明建设·家风家教篇

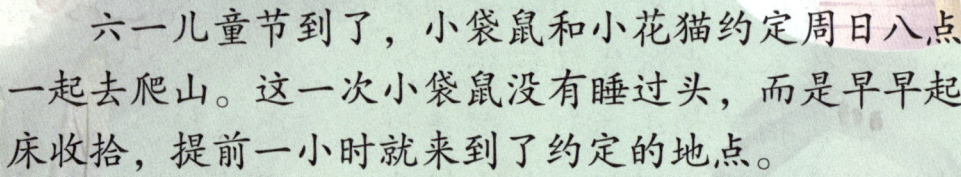

　　六一儿童节到了，小袋鼠和小花猫约定周日八点一起去爬山。这一次小袋鼠没有睡过头，而是早早起床收拾，提前一小时就来到了约定的地点。

　　八点零五分了，小花猫还没有出现，小袋鼠开始怀疑自己："我是不是记错了时间？"

　　小袋鼠焦急地走过来，又走过去。在等待的过程中，小袋鼠觉得时间过得好漫长，别提有多煎熬了！

　　"早上好呀，小袋鼠！"小花猫突然出现在小袋鼠面前。

　　小袋鼠喜出望外，说："小花猫，你去哪里了呀？我还以为你不来了！"

这样的角色不能当

小花猫气喘吁吁地说:"我早上出门太着急,到了公交车站才发现自己忘带钱包了,后来我跑回家拿钱包,耽误了一些时间。小袋鼠,对不起,让你久等了。"

小袋鼠说:"没关系,你又不是故意的,不用放心上。不过,我今天才知道,等人的滋味真的太煎熬了,我以后再也不会让你等我了!"

小花猫安慰小袋鼠说:"没事,我早就原谅你了,我们以后还要多出来玩!"

新时代家庭文明建设·家风家教篇

在良好的家教下,小黑熊、小狐狸、小袋鼠都改掉了自己的缺点,重新获得了小朋友们的喜爱。

有一次,小黑熊看到小狗在抢小兔子的胡萝卜,它立马上前劝说。

小黑熊严肃地说:"小狗,你不能这么霸道!我们要懂得关爱同学,这样才是好孩子。"

小狗听完,羞愧地低下了头,赶紧把胡萝卜还给了小兔子。

现在,小狐狸再也不打小报告了。有一次,它看到小青蛙下课乱扔纸团,当面指出了小青蛙的错误。

小青蛙回答道:"我以后再也不乱扔垃圾了,谢谢你提醒我!"

白羊老师看到了这一幕,感慨道:"小狐狸这次真的长大了!"

这样的角色不能当

如今，小袋鼠承诺的事一定会做到，已经没有小朋友叫它"小赖皮"了。

每次出去玩，小袋鼠都是第一个到，从来不迟到。如果它临时有事去不了，都会提前告诉小伙伴，以免大家白白等待。

小朋友们，犯错误并不可怕，可怕的是知错不改。小黑熊、小狐狸和小袋鼠在家人、老师、同学的帮助下，明白了自己的错误，并且及时改正，它们都是值得我们学习的榜样。

新时代家庭文明建设·家风家教篇

这样的朋友不能交

热闹的动物王国里,有一只美丽的梅花鹿。

瞧,它圆圆的脑袋上长着一对树杈形的鹿角,优雅的背上分布着黄白色的斑点,就像一朵朵盛开的梅花,多么好看!

梅花鹿不仅长得好看,性格也很活泼,动物王国有很多动物都特别喜欢它。梅花鹿热情大方,非常喜欢交朋友,从小到大,小兔子、小鸟都是它的好朋友。

一直以来,它身边都有许多好朋友陪伴着,有朋友陪伴才更快乐。

这样的朋友不能交

　　它经常邀请小兔子、小鸟来它家里玩,梅花鹿的爸爸、妈妈也非常欢迎它的朋友来家里做客。

　　有一次,小兔子来梅花鹿家玩,梅花鹿把自己好不容易找到的苹果全拿了出来,这令小兔子受宠若惊。

　　"梅花鹿,这么好吃的苹果,你不留着自己吃吗?"小兔子问梅花鹿。

　　"好朋友之间,要一起分享好吃的呀!"梅花鹿笑着回答。

　　小兔子咬了一口香甜的苹果,笑着说:"难怪你有这么多好朋友,下次我有好吃的也给你!"

　　梅花鹿自豪地说:"好呀,我的朋友越来越多,我太开心了!"

新时代家庭文明建设·家风家教篇

有一天,梅花鹿认识了好吃懒做的松鼠。

看!松鼠抱着树干,缓慢地爬着,常常望着远处发呆。

松鼠看着梅花鹿,一脸不解地说:"梅花鹿,你平时总是跑来跑去,活得多累啊!你看看我,只需要待在一个地方,除了吃就是睡,可舒服了!"

梅花鹿听了松鼠的话,突然觉得自己跑来跑去确实累,松鼠说的话有点道理。

于是,梅花鹿将身体卧下,静静地待在草地上。它看着天空中的白云飘来飘去,觉得时间都变慢了。

这样的朋友不能交

　　小兔子叫梅花鹿一起去爬山，梅花鹿原本想一起去的，但是想起松鼠的话，拒绝了小兔子。

　　小兔子非常疑惑，它问梅花鹿："你最近是病了吗？为什么整天躺在草地上？"

　　梅花鹿蜷着腿回答："跑来跑去太累了，不适合我。"

　　听了梅花鹿的话，小兔子皱起了眉头，只好独自离开了。

　　从此以后，梅花鹿学着松鼠的样子，除了吃就是睡，也变得好吃懒做起来。

新时代家庭文明建设·家风家教篇

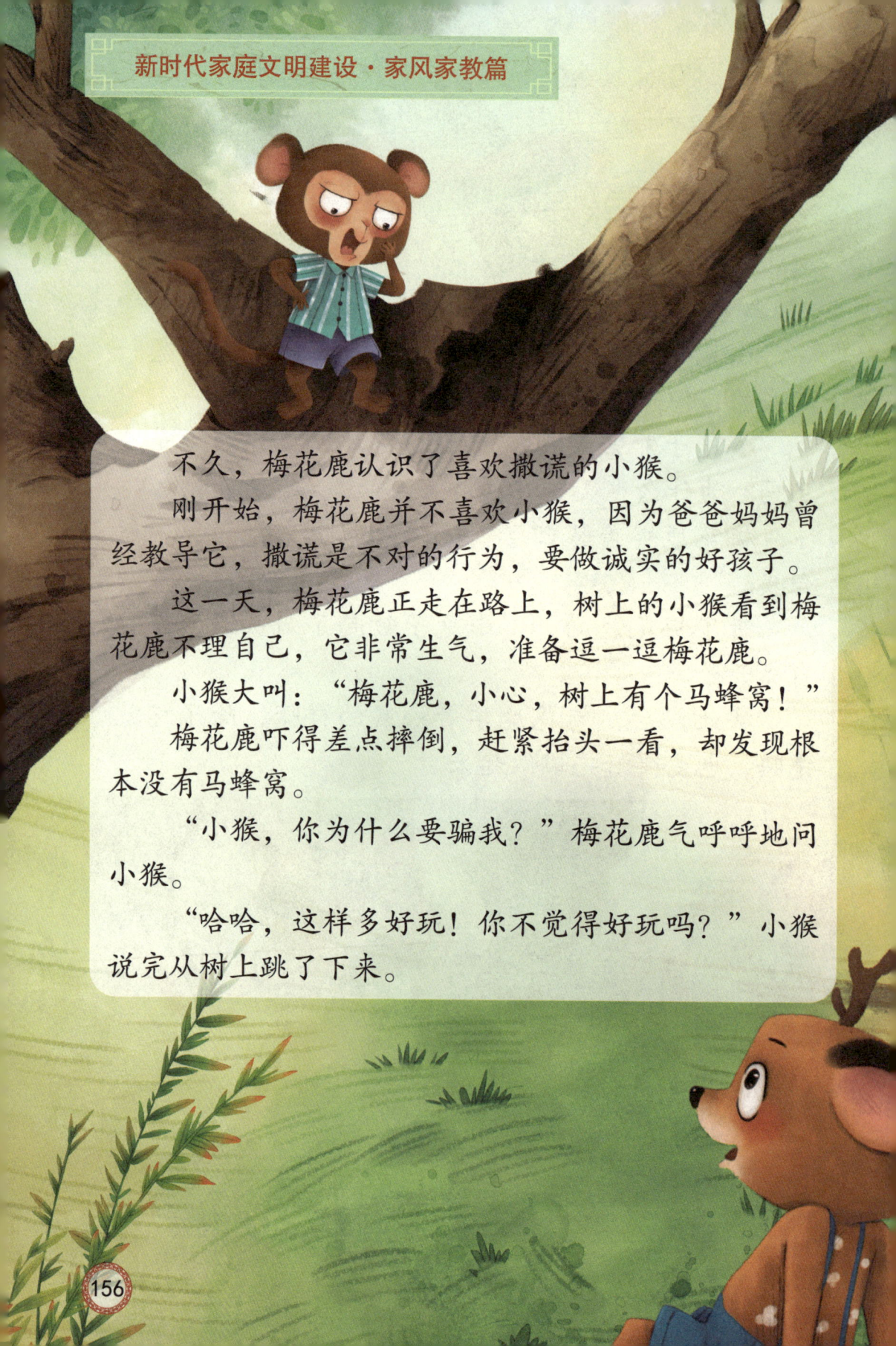

　　不久,梅花鹿认识了喜欢撒谎的小猴。

　　刚开始,梅花鹿并不喜欢小猴,因为爸爸妈妈曾经教导它,撒谎是不对的行为,要做诚实的好孩子。

　　这一天,梅花鹿正走在路上,树上的小猴看到梅花鹿不理自己,它非常生气,准备逗一逗梅花鹿。

　　小猴大叫:"梅花鹿,小心,树上有个马蜂窝!"

　　梅花鹿吓得差点摔倒,赶紧抬头一看,却发现根本没有马蜂窝。

　　"小猴,你为什么要骗我?"梅花鹿气呼呼地问小猴。

　　"哈哈,这样多好玩!你不觉得好玩吗?"小猴说完从树上跳了下来。

这样的朋友不能交

"撒谎好玩吗?小猴,你不要胡说了。"梅花鹿一点都不相信小猴说的话。

"不信的话,我给你示范一下,你就懂得了其中的快乐。"小猴露出了神秘的微笑。

接着,小猴满心自豪地向梅花鹿示范起了撒谎的技巧。

"小田鼠,你妈妈让你把洞里的食物全部搬出来交给我。"小猴大声说。

小田鼠信以为真,"哼哧哼哧"地搬出了所有的食物。就这样,小猴得到了田鼠家的食物。

看到这一幕,梅花鹿惊呆了。小猴只是说了几句话,就获得了这么一大堆好吃的。

新时代家庭文明建设·家风家教篇

　　小猴叉着腰对梅花鹿说:"梅花鹿,你平时说话太实在了,这一点儿也不好玩!你看看我,只需要动动嘴皮子,就可以获得我想要的东西,多么轻松!"

　　梅花鹿听了小猴的话,看到小猴面前的一大堆好吃的,觉得它说的确实有道理。

　　于是,梅花鹿不再像之前一样诚实,而是学着小猴的样子,也变得谎话连篇。

　　有一天,羚羊老师布置了家庭作业,让小朋友们回家做手工。

　　回到家里,梅花鹿直接把书包扔到沙发上,打开电视机看动画片。

这样的朋友不能交

第二天上课，羚羊老师让小朋友们把自己做的手工拿出来展示。小熊做了小灯笼，小兔子做了一个小面具，大家都非常开心地展示自己的作品，而梅花鹿却不安地坐在凳子上，生怕老师注意到它。

但羚羊老师还是发现了梅花鹿没有做手工，老师小声问它："梅花鹿，你的作业在哪里呀？"

"老师，我做了一个魔法帽，但是早上去买早点的时候丢了。"梅花鹿撒谎的时候眼睛忽闪忽闪的，它生怕老师发现自己撒谎。

"原来是这样，那下次一定要多注意，这次就这样吧。"羚羊老师相信了梅花鹿的话。

梅花鹿长长地舒了一口气，心想："原来撒谎这么好用！我以后要多试试！"

新时代家庭文明建设·家风家教篇

接下来,梅花鹿认识了经常迟到、旷课的社会青年——斑马。

斑马妈妈和斑马爸爸工作忙,经常不在家。斑马一个人在家的时候,它想干什么就干什么,经常玩到深夜。第二天,等它起床的时候,都快中午了。羚羊老师警告过斑马好多次,让它不许迟到、旷课,但斑马不以为然,还是经常迟到或旷课。

这样的朋友不能交

时间久了,斑马越来越放肆。在斑马的带领下,梅花鹿也学会了逃学,天天四处疯玩。

这一天,斑马带梅花鹿去草原上奔跑,爬到了半山腰,摘山上的野果吃,它们驰骋在田野里放声大笑。

斑马问:"梅花鹿,怎么样?不上学的日子好玩吧?"

"哈哈哈,真的很有意思!我好久没有感受到自由的气息了!"梅花鹿开心地说。

新时代家庭文明建设·家风家教篇

　　第二天,梅花鹿又不上学,它向妈妈撒了谎,说今天学校开运动会。实际上,它是跟斑马出去玩。
　　此时的斑马已经从学校退学了。它刚退学的时候,还能坚持每天出去找草吃。可后来,它变得越来越懒惰,几乎天天都在家里看电视。家里剩下的草都吃完了,它也懒得出去找,只能饿着肚子,昨天晚上它就没有吃晚饭。

这样的朋友不能交

一天,梅花鹿和斑马在山后的草地开心地玩耍着。斑马看着草地上正在吃嫩草的绵羊,转了转眼珠子,摸了摸肚子,脑袋里蹦出了一个坏主意。

斑马叫住了正在奔跑的梅花鹿,说:"梅花鹿,检验你能力的时候到了!快去把绵羊的嫩草抢过来!"斑马说。

梅花鹿一口答应:"遵命!我一定把嫩草抢来,瞧我的吧!"

梅花鹿喜滋滋地想:终于到了展示自己的时候了!

新时代家庭文明建设·家风家教篇

在斑马的指挥下,梅花鹿一路狂奔,飞快地冲到绵羊的面前,抢起了嫩草。

绵羊很生气,为了护住脚下的嫩草,就和梅花鹿打了起来。

梅花鹿用角顶着绵羊的肚子,绵羊疼得大叫:"好疼呀!梅花鹿你疯了吗?你为什么要抢我的草?"

"我想抢就抢,用你管!"梅花鹿霸气地喊道。

"既然你不讲道理,那就别怪我不客气!"绵羊气呼呼地说。

说完,绵羊就和梅花鹿打了起来。

这样的朋友不能交

斑马见梅花鹿身处下风,也打算加入打架的行列。

"绵羊,你竟然敢欺负我的好朋友梅花鹿,让你瞧瞧我的厉害!"斑马大叫着冲了过来。

说完,斑马就要推开压在梅花鹿身上的绵羊。但因为斑马昨天晚上没有吃饭,力气非常小,怎么推都推不动绵羊,他一气之下踢了绵羊一脚。

绵羊因为太疼了,直接从梅花鹿身上滚了下来。梅花鹿站起身,准备反击绵羊。绵羊也不示弱,爬起来又立刻进入了战斗状态,誓死保护自己的嫩草。顿时,三个小朋友扭作一团。

新时代家庭文明建设·家风家教篇

　　路过的小鸟发现有动物在打架,赶紧飞去报警。

　　很快,黄狗警官赶了过来,它看到了扭打在一起的斑马、绵羊和梅花鹿,大声喊:"快停下,不许打架!"

　　斑马、梅花鹿和绵羊看到警察来了,也不敢再动手了,乖乖地站在一旁,最后被黄狗警官带到了动物警局。

　　黄狗警官查明了真相,非常严厉地对梅花鹿和斑马进行了批评和教育。

　　"梅花鹿,你不仅抢了绵羊的嫩草,还和绵羊打架,这是不对的!"黄狗警官教育道。

　　梅花鹿惭愧地低下头,"黄狗警官,我知道错了,我再也不敢了。"梅花鹿抚摸着打架时留下的伤口,流下了悔恨的泪水。

这样的朋友不能交

黄狗警官让梅花鹿和斑马向绵羊道了歉,绵羊接受了它们的道歉,率先离开了警察局。梅花鹿和斑马走出警察局时,彼此都没有说话,梅花鹿一直哭,斑马也不知道该怎么安慰它。

"梅花鹿,你别哭了,我们以后还能当朋友吗?"斑马小声问梅花鹿。

"你以后会变好吗?如果你能改正,我们还能继续当好朋友。"梅花鹿非常真诚地看着斑马。

"我……不知道。"斑马支支吾吾地回复,梅花鹿看到斑马还没有真正认识到自己的错误,它非常难过,转身独自离开了。

回到家,梅花鹿的爸爸妈妈看到它一身的伤痕,都吓了一跳。妈妈连忙去找碘伏和创口贴,帮它处理伤口。看到爸爸妈妈这么担心自己,梅花鹿的眼泪止不住地往下流。它一边啜泣,一边把事情告诉了爸爸妈妈。

这样的朋友不能交

爸爸听完后，语重心长地对梅花鹿说："梅花鹿，爸爸知道你是个好孩子，只是一时昏了头。但是爸爸还是想告诉你，我们要远离品性不良的损友！比如，有些小伙伴好吃懒做、谎话连篇、损人利己，这样的朋友是万万不能交的！"

梅花鹿眼里闪着泪光说："爸爸，我记住了，以后我一定不会随便交朋友了。"

梅花鹿妈妈看到满身是伤的梅花鹿也叹了口气，它补充道："宝贝，犯了错误没关系，能改正就是好样的！你要永远记得这次的教训，以后千万不要和坏孩子当朋友。"

听了爸爸妈妈的话，梅花鹿用力地点点头，它答应爸爸妈妈以后一定会好好学习，和善良正直的小朋友做好伙伴，不会再这么任性了。

新时代家庭文明建设·家风家教篇

在梅花鹿请假养伤的一个周多时间里,它自学补上了之前落下的功课。经过认真学习,梅花鹿突然发现:其实,学习也没有那么难。

它回到学校的第一天,见到桌上有一封羚羊老师写给它的信,立马拆开读了起来。

"老师知道你是一个好孩子,欢迎你回到学校继续学习!"看到信的最后这句话,梅花鹿一下红了眼眶。

它的同桌小猫非常细心,看到梅花鹿哭了,连忙过来安慰它。

这样的朋友不能交

小兔子拍了拍梅花鹿,在它耳边轻声说:"我知道你只是交错了朋友。你不在的这段时间,我一直都很想你!如果你有不会的题,我可以教你做。"

梅花鹿非常感动,紧紧地拉住小兔子的手,激动地说:"我以后再也不会交坏朋友了,我一定好好学习,谢谢你们还相信我!"

后来,梅花鹿在交朋友的时候,都会认真地观察对方的言行举止,不轻易和别人交朋友。如果发现对方身上有坏毛病,品行不端,它就会远离它们。但如果对方品德高尚,诚实友善时,就会主动靠近,希望能和对方成为好朋友,向对方学习。

新时代家庭文明建设·家风家教篇

　　小狗是梅花鹿的新邻居。它非常热心，经常帮助别人，大家都非常喜欢它。

　　梅花鹿经常和小狗一起结伴上学。有时候梅花鹿忘记拿书，小狗会主动把书借给梅花鹿；当梅花鹿遇到不会的题，小狗也会耐心地给梅花鹿讲解。

　　梅花鹿和小狗成为朋友后，经常和小狗一起帮助他人，邻居们都夸它们是好孩子。

这样的朋友不能交

　　树袋熊是梅花鹿幼儿园时的同学。有一次，梅花鹿去超市买东西，在付钱时发现自己的钱不够。正当它准备退掉一些东西时，树袋熊出现了，它二话不说，就帮梅花鹿付了钱。梅花鹿非常感激树袋熊，树袋熊却摆摆手，笑着说："小事一桩！"

　　为了感谢树袋熊，梅花鹿热情地邀请它到家里吃饭，顺便还钱给它。树袋熊难以拒绝梅花鹿的好意，便跟着梅花鹿来到了它家。

　　梅花鹿妈妈为它的朋友做了一桌子菜，在吃饭聊天时，梅花鹿得知树袋熊以前还当过志愿者。梅花鹿非常敬佩它，它们约定，以后要一起报名当志愿者，帮助他人。

　　在结交了乐于帮助别人的小狗，善良热心的小猫、树袋熊后，渐渐地，梅花鹿改掉了好吃懒做、爱说谎话、损人利己等毛病，成为人见人爱的小朋友！

新时代家庭文明建设·家风家教篇

这样的思想不能要

在遥远的大森林里,有一个神秘的动物王国。

动物王国里住着许多的动物。瞧,大象正在泥水里洗澡,猴子在树林间自由穿行,还有美丽的蝴蝶在空中翩翩起舞。

春天来了,大树换上了绿色的衣裳,草丛中开满了鲜花,到处散发着花香。

森林小学也开始招收新一届学生啦!小动物们都排起了长队,好奇地开启了崭新的校园生活。

这样的思想不能要

在森林小学里,有一只胖乎乎的小猪。

瞧,它圆圆的脑袋上,垂着一对宽厚的大耳朵;两只小小的眼睛下,长着一个翘翘的鼻子,多么可爱!

新时代家庭文明建设·家风家教篇

不过，小猪很懒惰，整天懒洋洋的。上课时，小猪总是不认真听讲，经常趴在课桌上打瞌睡。

"呼噜，呼噜……"

它做起了梦，梦见自己去北极找北极熊和旅鼠萌萌玩呢！

北极熊带着小猪在雪地上奔跑，天空和大地都是白茫茫的，一时间像在童话世界中一般。

北极熊带着小猪去捕猎，只见北极熊蹲守在水边，迅速地向水中伸爪，一条鱼就被抓了上来。

北极熊越抓越多，不一会小猪的面前就堆起了一座小鱼山。这可乐坏了小猪，它张开嘴巴，打算美美地饱餐一顿。

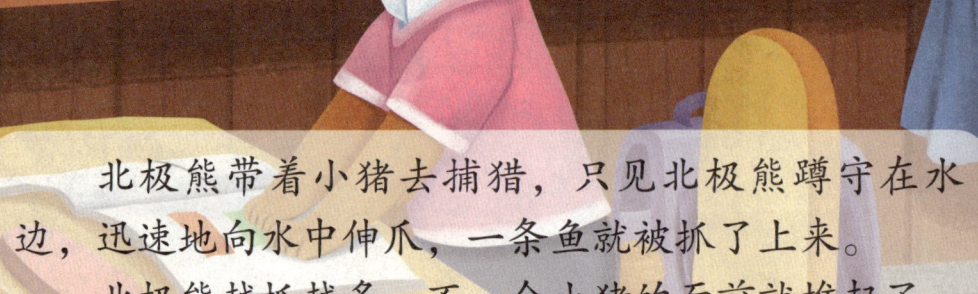

这样的思想不能要

　　可是无论小猪怎么努力,就是抓不住鱼,它着急地大叫道:"我的鱼!我的鱼!"

　　"哪里有鱼?"羚羊老师的声音从远处传来。

　　小猪这才从梦中惊醒,看见羚羊老师正生气地瞪着它。

新时代家庭文明建设·家风家教篇

"小猪小猪,老师叫你回答问题呢!"别的同学好心地戳了戳小猪,小声地提醒道。

小猪这才打了个大大的哈欠,懒洋洋地站了起来。

对于羚羊老师教的知识,小猪总是一问三不知。

"小猪,你来回答这个问题。3加2等于多少?"羚羊老师问道。

"这个嘛……嘿嘿,我不知道。"小猪挠挠头说。

这样的思想不能要

"你可以用手指数一数,看看3加2等于多少。"羚羊老师耐心地启发道。

可小猪还是不知道答案,别说10以内的加减法了,对小猪来说,从1数到10都是个挑战呢!

羚羊老师叹了口气,只好摆摆手,让小猪坐下,认真看看书。小猪满不在乎地坐下,它随意翻了翻已经被口水浸湿的书,又去梦里找北极熊抓鱼了。

新时代家庭文明建设·家风家教篇

在学校里,小猪除了爱打瞌睡,还喜欢调皮捣蛋。这天,羚羊老师在讲台上讲课时,小猪和小青蛙在座位上说起了悄悄话。

这样的思想不能要

"小青蛙,你放学后打算去哪里玩呀?"小猪问道。

"我哥哥从非洲旅行回来了,我今天放学后直接回家见哥哥。"小青蛙说道。

"哇,你哥哥好酷!我可以认识你哥哥吗?"小猪问道。

"当然可以!我哥哥人很好的。小猪,你有兄弟姐妹吗?"小青蛙回答道。

就这样,小猪和小青蛙在课堂上你一言,我一语,叽叽喳喳地聊了起来。

"你们别说话啦!我都听不到羚羊老师的声音了。"坐在前面的小兔转过头来,不高兴地说。

在自习课上,小猪还喜欢在课堂上起哄,到处扔纸飞机。

"嗖!"

"小猪真讨厌,也不遵守课堂秩序!"小狗生气地说。

新时代家庭文明建设·家风家教篇

"丁零零——"下课的铃声适时响起,羚羊老师合上了课本。

"同学们记得温习今天的功课,再见!"羚羊老师说道。

"老师再见!"小朋友们和羚羊老师道别。

下课的时候,小猪总是欺负小朋友。瞧,小猫去上洗手间了,小猪眼珠一转,有了一个坏主意。

这样的思想不能要

小猪趁小猫不在座位上,偷偷地在小猫的椅子上倒了些水。

不一会,小猫从外面回来了,它一坐下来,裤子就湿了……

"呀!是谁弄湿了我的椅子!"小猫惊呼道。

"哈哈哈,小猫湿屁股咯!"小猪捧腹大笑。

同学们看到小猫的样子,也忍不住笑了起来。

小猫裤子湿答答的,难受极了,又遭到了大家的嘲笑,"哇"的一声,委屈地哭了出来。

新时代家庭文明建设·家风家教篇

　　对小猪来说,上学的时光总是那么漫长,钟表的指针慢慢地走着,终于走到了放学的时间。

　　"丁零零——丁零零——"放学的铃声在学校里响起。

　　"终于放学了!"铃声一响,小猪飞快地跑回了家。

　　回到家,它把书包顺手往沙发上一扔,打开了电视机。看,小猪躺在沙发上看起了动画片。

这样的思想不能要

动画片真好看呀!小猪目不转睛地盯着屏幕,看得着了迷。动画片一集接着一集,小猪忘记了时间。

忙着整理衣服的猪妈妈回过头,就看到小猪窝在沙发里,眼睛一眨不眨地看着动画片。

新时代家庭文明建设·家风家教篇

"小猪,你做完作业了吗?"猪妈妈问道。

小猪正聚精会神地看着动画片,他不情愿地回答道:"还没有。"

"已经很晚了,快去做作业吧。"猪妈妈催促道。

"知道了,看完这集就去。"小猪回答道。

在妈妈的催促下,小猪不情愿地拿出作业本。小猪看着作业本上的习题,只觉得它们宛如天书一般。

半个小时过去了,小猪只完成了三道题。

这样的思想不能要

"小猪,过来吃晚饭了。"猪妈妈做好了晚饭,招呼道。

小猪欢喜地放下了手中的笔,蹦蹦跳跳地吃晚饭去了。

晚饭后,小猪继续做算术题。

"哎呀,读书真是太辛苦了!"小猪抱怨道。

夜已经深了,作业还没做完,小猪却又躺在了沙发上想着美食发呆……

新时代家庭文明建设·家风家教篇

　　由于小猪在课堂上不听课，回家后家庭作业也常常完不成，考试时，小猪总是考个"大鸭梨"。
　　这天，学校又准备进行一次测验，所有同学都在认真备考，只有小猪百无聊赖地折着纸飞机。
　　"咻——"纸飞机在空中划出一道漂亮的弧线。

这样的思想不能要

考试成绩很快下来了,小猪又考了一个"大鸭梨",但它却满不在乎地将试卷放进了书包里。

一旁的小狗看到,皱着眉头走了过来。

"小猪,你考得这么差,怎么还不努力学习?"小狗好奇地问。

"这有什么?我觉得大鸭梨也挺不错的,你们都没有呢!"小猪自豪地说。

新时代家庭文明建设·家风家教篇

这样的思想不能要

　　小猪自己不爱学习,还看不惯认真学习的小朋友。每次见到认真学习的小熊,小猪都会大声地发出嘲笑。

　　一天中午,班级里静悄悄的,只有小熊正在认真地解决课上没有弄懂的知识点。

　　小猪看到后,嘲笑道:"哈哈,书呆子来咯!"

　　小熊一听,没有理会小猪,生气地走开了。小猪不以为然,继续欺负其他小朋友,惹得大家都很不开心。

　　渐渐地,小朋友们纷纷远离小猪,不愿意跟它交朋友。远远见到小猪,大家都会跑开。

　　"小猪来了,我们快走呀!"

　　在学校没有小朋友愿意和小猪玩,它十分难过,心里也很疑惑:"大家为什么不愿意和我玩呢?"

　　这一天放学,小猪噘着嘴,闷闷不乐地回了家。

　　"哎,我一个朋友也没有,真的好孤单呀!"小猪说。

新时代家庭文明建设·家风家教篇

小猪回到家,打开电视看动画片。

看到动画片中的小朋友们聚在一起快乐地玩耍,小猪想到自己在学校孤零零的,忍不住哭了起来。

"呜呜呜——"小猪伤心地哭着,正在这时,猪爸爸下班回来了。看见小猪哭泣,吓了一跳,忙问它发生了什么事。小猪将自己在学校的遭遇讲给了爸爸听。

这样的思想不能要

当猪爸爸了解了小猪各方面的情况之后,严肃地说:"小猪,不好好学习、愚昧无知、好逸恶劳、骄傲自大是不可取的,这样的思想不能要!在这个年纪,你要刻苦学习,掌握科学文化知识;同时,我们要以损人利己、欺负同学,违法乱纪为耻,树立正确的思想!"

新时代家庭文明建设·家风家教篇

听了爸爸的教导,小猪反思了自己平时的思想和行为,惭愧地低下了头。

"对不起,我知道自己做错了。"小猪愧疚地说道。

猪爸爸摸了摸小猪的头,说道:"没关系,知错能改就是好孩子,我们一起制作道歉卡片,写上心里话送给同学们,请求得到它们的原谅吧!"

这样的思想不能要

　　小猪在爸爸的指导下开始制作道歉卡片，它在每张卡片上都用彩笔认真写上了"对不起"三个字，还画了可爱的图案。

　　第二天，小猪带着做好的卡片，来到了学校，将卡片分给同学们，并向它们道歉。

　　"对不起，之前是我调皮捣蛋，给大家带来了麻烦，这是我专门制作的道歉卡片，希望大家能够原谅我。"小猪诚恳地说道。

　　大家接受了小猪的道歉，开心地收下卡片。

　　从此，小猪慢慢地改正了自己的言行，成为一个认真学习、吃苦耐劳、遵纪守法、乐于助人的好孩子。

这样的生活习惯不能有

动物王国的草原上,生活着庞大的袋鼠家族。袋鼠很少单独生活,一般都是全家人住在一起,过着热闹的日子。

我们经常能够看到,一群袋鼠们在绿油油的草地上蹦跶。最矮的那一只是小袋鼠,它最喜欢在树下乘凉。小袋鼠的爷爷奶奶每天早上都在草地上锻炼,小袋鼠的爸爸妈妈,也会在这片草地上教小袋鼠各种生活技能。

这样的生活习惯不能有

一天,袋鼠家族一起出游。其他袋鼠都准备好出发了,却不见小袋鼠。在爸爸妈妈的催促下,小袋鼠不舍地放下遥控汽车才慢悠悠地从家里出来。

小袋鼠一出场就吸引了大家的目光,它有着短短的前腿,强壮的后腿,身后拖着一根长长的尾巴,长得十分可爱。

小袋鼠走了几步,一不小心,被面前的树桩绊倒了,袋鼠妈妈连忙上前扶起小袋鼠,小袋鼠扑进妈妈的怀里,寻求温暖的安慰。

小袋鼠在爸爸妈妈、爷爷奶奶的宠爱下一天天长大,每天都无忧无虑,自由自在。

新时代家庭文明建设·家风家教篇

　　时间过得很快，小袋鼠已经到了要上幼儿园的年龄了。

　　在家人的宠爱下，小袋鼠越来越任性，在家里自称"小王子"。

　　小袋鼠非常懒惰，经常不愿意自己找吃的，总是要袋鼠妈妈喂他吃最鲜嫩的草儿。

　　妈妈每次让小袋鼠自己出去找嫩草，小袋鼠都哭闹着不去。袋鼠妈妈怕小袋鼠饿着，只好把嫩草带回家喂给小袋鼠。

　　要出门的时候，小袋鼠也懒得自己换衣服，总是让爸爸帮忙。

这样的生活习惯不能有

袋鼠爸爸一脸严肃地说:"小袋鼠,你现在已经长大了,自己的事情要自己做!"

小袋鼠看到爸爸有些生气,立马向爸爸撒娇:"爸爸,就这一次!我自己穿总是歪歪扭扭的,没有爸爸给我穿的帅。"

袋鼠爸爸看着小袋鼠可怜巴巴的样子,只好放下报纸,帮小袋鼠穿衣服。小袋鼠开心地亲了爸爸一口。

袋鼠爸爸笑着说:"真拿你没办法!明天必须自己穿哦!"

可是到了第二天,小袋鼠还是懒得穿衣服。小袋鼠心想:昨天爸爸已经帮我穿过衣服了,今天可不能再找它帮忙了。于是,小袋鼠拿着衣服,跑着去找在草地浇花的奶奶。果然,慈爱的奶奶放下花洒,帮小袋鼠穿好了衣服。

新时代家庭文明建设·家风家教篇

　　小袋鼠在幼儿园认识了许多新朋友。它发现小猴总是有穿不完的新衣服，小兔子中午的饭盒总有新鲜的蘑菇，小袋鼠开始和别人攀比，也想要追求奢侈的生活。

　　有一天晚上，袋鼠妈妈为小袋鼠摘来了野菜，为了更加美味，它还专门给小袋鼠做了野菜汤。可小袋鼠一看到野菜汤就眉头紧皱，把碗推开一边。

　　妈妈连忙问："小袋鼠，你今天是不舒服吗？"

　　小袋鼠气呼呼地说："我不想喝野菜汤，我想吃香喷喷的鲜蘑菇！"

　　袋鼠妈妈摸了摸小袋鼠的头，温柔地说："小袋鼠，今天先喝野菜汤好吗？妈妈过几天给你采鲜蘑菇。"

　　谁知，小袋鼠生气地跺跺脚，一言不发地走回自己的卧室。

这样的生活习惯不能有

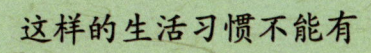

接下来的日子里,只要小袋鼠发现身边的小伙伴拥有贵重的新玩具,它就会立刻蹦回家,吵着闹着让爸爸妈妈给自己买。

"别人都有贵重的新玩具,我也要有!"小袋鼠嚷嚷道。

爸爸摸了摸小袋鼠的头说:"小袋鼠,上个星期才买了新玩具哦,先玩买了的玩具,好吗?"

小袋鼠反驳爸爸:"不好不好,别人都有,我也要有!你们不给我买,就是不爱我!"

说完,小袋鼠就委屈地跑回了卧室,还把门锁上了。

新时代家庭文明建设·家风家教篇

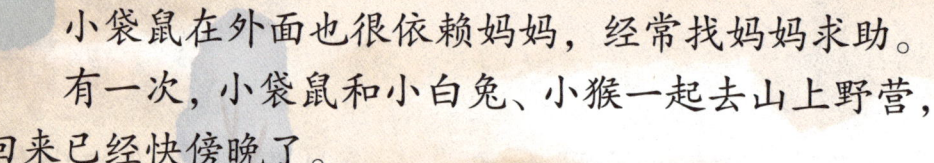

　　小袋鼠在外面也很依赖妈妈,经常找妈妈求助。

　　有一次,小袋鼠和小白兔、小猴一起去山上野营,回来已经快傍晚了。

　　袋鼠妈妈正在洗碗,只听小袋鼠在外面大喊:"妈妈,快来!"

　　袋鼠妈妈以为小袋鼠受伤了,连忙跑出来,却发现小袋鼠在不远处坐着。

这样的生活习惯不能有

袋鼠妈妈问小袋鼠:"你叫妈妈干什么呀?"

小袋鼠说:"妈妈,我今天太累了,不想走路,你可以带我回去吗?"它指了指妈妈的口袋,想让袋鼠妈妈打开身上的口袋,兜着自己走。

袋鼠妈妈看小袋鼠确实累了,它就兜着小袋鼠回家了。

"妈妈的口袋真不错,我再也不用自己走路了!"小袋鼠高兴地说。

回到家,爷爷看到袋鼠妈妈兜着小袋鼠回家,严肃地说:"小袋鼠,你是大孩子了,以后不能让妈妈兜你回来了!"

小袋鼠嫌爷爷唠叨,连忙说:"爷爷,我以后不会了。"可是过了几天,小袋鼠又开始让妈妈兜它回家。

在学习上,小袋鼠很懒惰,遇到难题就放弃。

小袋鼠喜欢上音乐课和体育课,它非常讨厌上英语课。在英语课上,小袋鼠总是走神,一会儿在英语书上画画,一会儿又望向窗外的小鸟。

羚羊老师看到小袋鼠全是红叉的卷子,叹了一口气,它让小袋鼠好好学习,可小袋鼠从来不背单词,甚至连英语书都不带回家。

袋鼠爸爸看到小袋鼠全班倒数第一的英语成绩单,也愁眉苦脸。它赶紧请邻居山羊叔叔帮小袋鼠补习英语,可小袋鼠却一脸的不情愿。

山羊叔叔问小袋鼠:"你有什么不会的题呀?说出来,叔叔教你。"

小袋鼠想了大半天,回答道:"这个……我自己也不知道。"

山羊叔叔只好让小袋鼠先做今天的英语作业。

这样的生活习惯不能有

谁知,小袋鼠才做到第二题,就面露难色,气呼呼地说:"哎呀,这么难,我不做了!"

说完,小袋鼠把笔扔到一边,就从窗户里蹦出去玩耍了。

袋鼠爸爸知道了这件事,气得火冒三丈。它心想:今天晚上回家后,我得好好教训小袋鼠才行。

不见了小袋鼠的踪影,袋鼠爸爸给山羊叔叔道了歉,并把山羊叔叔送回了家。

新时代家庭文明建设·家风家教篇

　　小袋鼠还喜欢随意发脾气，很多小朋友都受不了小袋鼠的坏脾气，想要远离他。

　　有一次小鹿邀请小袋鼠周六上午去爬山，小袋鼠开心地答应了。

　　周六早上艳阳高照，可当小袋鼠和小鹿爬到半山腰时，天空突然出现一大片乌云，黑压压的，好像下一秒就能把世界吞掉。

　　小鹿说："小袋鼠，一会儿可能有暴雨，我们还是先找个地方避雨吧！"可还没等小袋鼠和小鹿找到避雨的地方，它们两个就被淋成了落汤鸡。

　　小袋鼠生气地对小鹿说："都怪你！找我出来玩，现在下雨了吧？"

　　小鹿非常委屈，红着眼说："我昨天看天气预报说没有雨，我也不知道今天会突然下大暴雨。对不起……"

这样的生活习惯不能有

　　小袋鼠一气之下先回家了。雨渐渐小了，但小袋鼠有一肚子的气没处发泄。

　　邻居大象看到了小袋鼠，刚准备和小袋鼠打招呼，小袋鼠却先开口："大象，你挡住我的路啦，真可恶！"

　　大象感到非常生气，明明自己什么都没干，小袋鼠却乱发脾气。大象头也不回地走了，嘴里念叨着："我以后再也不要和小袋鼠玩了！"

新时代家庭文明建设·家风家教篇

　　一天，袋鼠妈妈生病了，正躺在床上打针。

　　窗外，蓝蓝的天空飘着朵朵白云，灿烂的阳光洒满大地。

　　小袋鼠望着窗外，"这么好的天气，我应该出去玩呀！"小袋鼠自言自语。

　　小袋鼠走到妈妈的身边，它用力地把妈妈摇醒，对妈妈说："妈妈，你快起来陪我出去玩！"

　　袋鼠妈妈虚弱地说："宝贝，对不起。妈妈今天不舒服，不能陪你玩了。"

这样的生活习惯不能有

小袋鼠很生气,它一边大声地嚷嚷,一边把袋鼠妈妈往起拉,不让它休息。

袋鼠妈妈皱起了眉头,说:"小袋鼠,你要听话。等妈妈病好了,再带你出去玩。"

因为袋鼠妈妈拒绝带它出去玩,小袋鼠非常生气。它离开了家,自己跑去草地上玩。小袋鼠以为妈妈会出来追它,没想到已经过了两个小时,妈妈一直都没来找它。

新时代家庭文明建设·家风家教篇

草地上,不少小朋友都有自己妈妈的陪伴,只有小袋鼠孤零零地坐在树下,它越想越委屈。心想:妈妈一定是不爱我了……想着想着,竟忍不住哭了起来。

袋鼠爸爸下班刚好路过,看到小袋鼠坐在树下哭,立马上前询问小袋鼠,究竟发生了什么事。

这样的生活习惯不能有

袋鼠爸爸知道事情原因后,严肃地对小袋鼠说:"小袋鼠,你已经是个大孩子了,不能总想着自己,纵容自己,完全不顾别人的感受,真是太任性了,这样的生活习惯不能有!"

听了袋鼠爸爸的话,小袋鼠惭愧地低下了头,反思了自己的种种行为,发现自己确实太自私、太任性了。

小袋鼠认真地说:"爸爸,我知道错了,我没有留在家里好好照顾生病的妈妈,还硬要妈妈陪我玩,是我太任性了。以后我不会这么自私了,我会多想想大家的感受。"

袋鼠妈妈把小袋鼠叫到床边,温柔地对小袋鼠说:"宝贝,不是妈妈不爱你了,而是妈妈今天身体真的不舒服,明天妈妈病好了就带你出去玩。"说完,袋鼠妈妈给了小袋鼠一个大大的拥抱。

小袋鼠眼睛一下子就红了,忍着泪水说:"妈妈,对不起。你不舒服,我还让你陪我玩,今天是我太任性了。你好好休息,赶紧好起来,我不打扰你了。"

说完,小袋鼠轻轻地把卧室门关上,回自己的房间去了。

袋鼠妈妈看着小袋鼠的背影,欣慰地说:"我的宝贝终于长大了!"

新时代家庭文明建设·家风家教篇

看到小袋鼠知错能改,袋鼠爸爸赞许地点了点头。

它走进小袋鼠的房间,认真地说:"孩子,爸爸还想告诉你,我们要建立良好的生活习惯,自己的事情要自己做,在生活上要勤俭节约,在学习上要刻苦努力,也要学会为他人着想!"

小袋鼠听了,使劲地点了点头。

这样的生活习惯不能有

　　第二天,小袋鼠早早起床,自己收拾了书包,它从自己的存钱罐里拿了几个硬币,走之前给妈妈还留了一张纸条。

　　纸条上写着:"妈妈,我今天自己买早餐吃,你不用帮我做早餐了,一定要好好休息哦!"袋鼠妈妈看完小纸条,非常感动。

　　上学路上,小袋鼠主动和大象打招呼,大象都很惊讶。

　　"小袋鼠,你怎么突然变得这么懂礼貌了?"大象问小袋鼠。

　　"从今天起,我要做善解人意、自立自强的小袋鼠!大象,你可以监督我吗?"小袋鼠信心满满地说。

　　"当然可以呀!希望你能一直这么有礼貌,我会好好监督你的!"大象笑着说。

　　小袋鼠到了学校,不仅上课时主动举手回答问题,下课还主动做起了值日,小伙伴们都对小袋鼠刮目相看。

新时代家庭文明建设·家风家教篇

从此以后,小袋鼠学会了自己的事情自己做。

周末,小袋鼠再也不赖床了,每天很早就起床,认真地自己穿衣服。接着,小袋鼠蹦蹦跳跳地出门,寻找鲜嫩的草儿。

中午,小袋鼠背了一筐新鲜的嫩草回家,妈妈连忙上前,帮小袋鼠把筐子卸下来。

"宝贝,这么大一筐嫩草,你是怎么背回来的呀?"妈妈心疼地说。

"妈妈,我现在已经是小男子汉了,这点草对我来说是小菜一碟!"小袋鼠非常自豪地回答道。

爸爸看到小袋鼠如今都能主动分担家务了,欣慰地摸了摸它的小脑袋,心里十分高兴。

"儿子真的长大了!"爸爸感慨道。

这样的生活习惯不能有

袋鼠妈妈把这件事说给袋鼠爷爷和袋鼠奶奶听，它们听完都露出了欣慰的笑容。

袋鼠奶奶想给小袋鼠买玩具作为进步的奖励，小袋鼠却摇了摇头，笑着说："谢谢奶奶的好意！但是，我的玩具已经有很多，不需要再买新的了。"

当妈妈繁忙时，小袋鼠也懂得不打扰妈妈。它会自己来到草地上玩耍。如果在外面玩累了，小袋鼠就会回房间看书学习。

新时代家庭文明建设·家风家教篇

　　小袋鼠现在已经成为一名小学生，还当上了班长。它每天放学回家后，都会和爸爸妈妈讲讲学校发生的趣事。

　　经过努力学习，在期中考试中，小袋鼠考了全班第二名。为了奖励小袋鼠，爸爸决定周末带小袋鼠去郊游。没想到，小袋鼠摇摇头，笑着说："爸爸，好好学习是学生应该做的，不需要给我奖励。"

　　袋鼠爸爸听到儿子说出这句话，十分惊讶，它真为小袋鼠的成长感到开心。

这样的生活习惯不能有

在生活上，小袋鼠也不再虚荣攀比。

妈妈看小袋鼠的书包用了很久，想要带小袋鼠去商场买个新书包。

妈妈对小袋鼠说："宝贝，这个周末，带你去买以前你特别想要的那款书包。"

小袋鼠却摇摇头说："妈妈，我不要那个书包了，那个书包又贵又不实用。"

袋鼠妈妈听到小袋鼠这样说，心里感到非常欣慰，忍不住夸奖道："我的宝贝真棒，是个懂事的孩子了！"

小袋鼠不仅学会了为他人着想，也不再乱发脾气。每天晚上，小袋鼠都会为下班回来的爸爸倒上一杯热茶，贴心地对爸爸说一声："您辛苦了！"

小朋友，借助神奇的时光机，我们了解到了古代名人的故事，聆听了动物们的故事。你感受到新时代家庭文明建设中好家风、好家教的重要作用了吗？